지은이 최영선

서울대학교 불어불문학과 졸업 후 10여 년간 금융계에 종사하다가 2004년에 프랑스로 건너가 프랑스 및 스페인에서 와인 공부를 했다. 이후 부르고뉴의 에콜 쉬페리에르 드 코메르스 드 디종ECOLE SUPERIEURE DE COMMERCE DE DIJON에서 와인 비즈니스 석사 학위를 취득했다. 2008년부터 유럽의 와인을 아시아에 소개하는 파리 소재 와인 에이전시 비노필VINOFEEL을 운영하고 있으며 현재 프랑스, 이탈리아, 스페인, 오스트리아 등 유럽과 아시아를 오가며 활동 중이다. 특히 내추럴 와인을 소개하는 행사 '살롱오SALON O'를 2017년부터 매해 개최하여 한국의 내추럴 와인 시장의 저변 확대에 힘쓰고 있다.

www.salon-o.org
인스타그램 @salono_naturalwine

사진 김진호

홍익대학교에서 예술학을 전공했다. 대학 시절 우연히 손에 쥔 카메라가 삶을 지속하는 원동력이 되었다. 지속 가능한 작업과 조화로운 삶을 모토로 스튜디오 서스테인 웍스SUSTAIN-WORKS를 운영하며 사진과 영상을 만들고 있다.

인스타그램 @kim_zinho

내추럴
와인
메이커스

FRENCH VINEYARDS

Natural Winemakers

내추럴 와인 메이커스

내추럴 와인
혁명을 이끈
1세대 와인
생산자들을
찾아서

최영선 지음

한스미디어

사랑하는 딸 이리스-미리내(Iris-Mириné)에게

Contents

Natural
Winemakers

Natural
Winemakers

Map

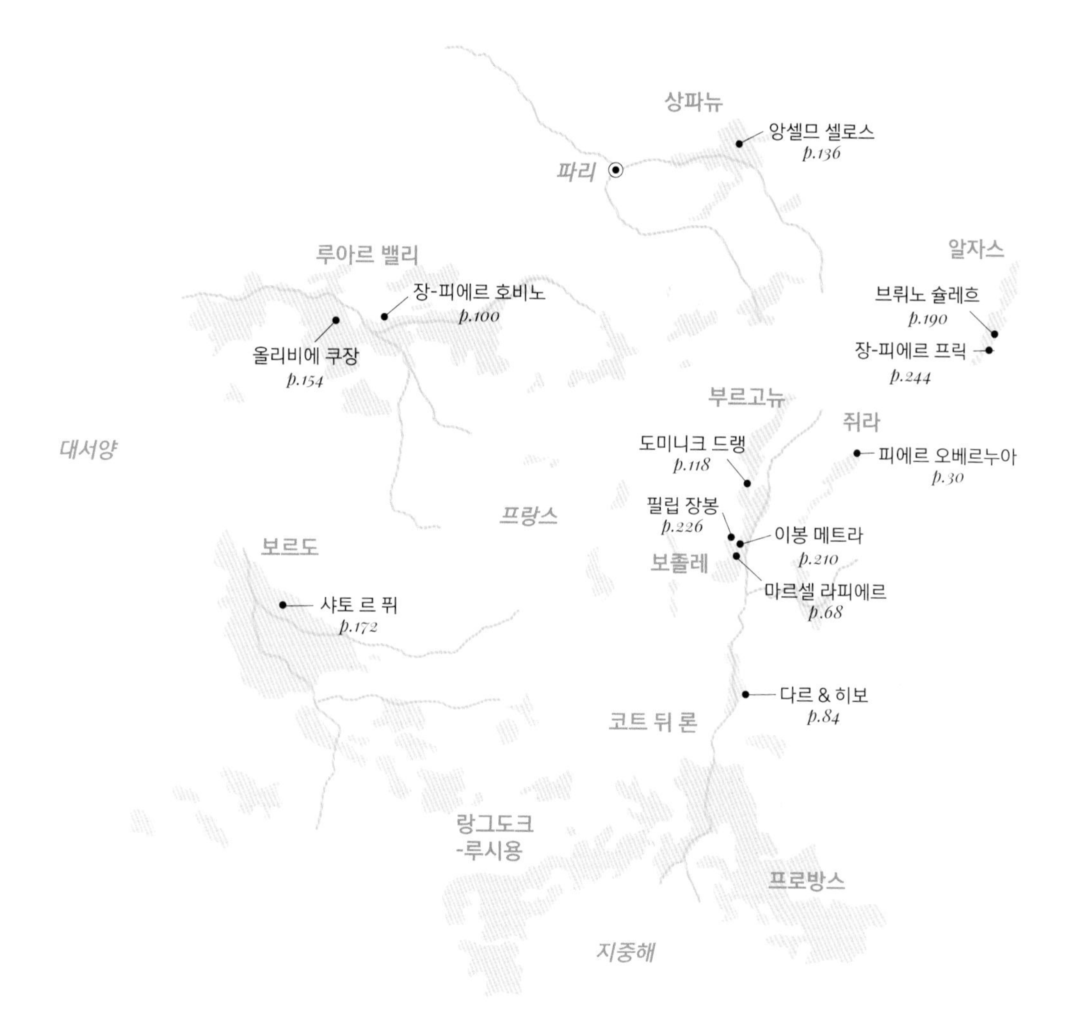

상파뉴
앙셀므 셀로스
p.136
파리
루아르 밸리
장-피에르 호비노
p.100
올리비에 쿠장
p.154
알자스
브뤼노 슐레흐
p.190
장-피에르 프릭
p.244
부르고뉴
쥐라
대서양
도미니크 드랭
p.118
피에르 오베르누아
p.30
필립 장봉
p.226
프랑스
이봉 메트라
p.210
보르도
보졸레
마르셀 라피에르
p.68
샤토 르 퓌
p.172
다르 & 히보
p.84
코트 뒤 론
랑그도크
-루시용
프로방스
지중해

Recommendation

곱슬곱슬한 긴 머리로 갸름한 얼굴을 감싼 모습, 가녀린 몸매만큼이나 긴 손가락에 걸치듯 들려 있는 와인 잔, 도대체 그 외양 어디에 그토록 넘치는 모험심과 지칠 줄 모르는 에너지가 숨겨져 있는지 도무지 알 수가 없다.

남들이 부러워하는 명문대를 졸업하고 남들 가기 힘든 외국계 금융기관에서 직장 생활을 시작한 커리어우먼이 모든 걸 접고 프랑스로 떠났다. 만 36세의 늦은 유학길. 그때만 해도 한국에 와인 붐이 불기 전이었는데 이 당찬 여성은 남들 안 가본 길로 두려움 없이 성큼 발을 내디뎠다. 보르도를 거쳐 스페인에 6개월 머물다가 프랑스로 되돌아와 디종의 고등상업학교에서 와인 MBA를 땄다. 그러고는 2008년 파리에서 와인 에이전시 비노필을 차렸다.

최영선 대표를 만난 건 이 무렵이다. 30대의 그녀가 마치 첫사랑에 빠진 10대 소녀처럼 두 눈을 반짝이며 샤블리의 와이너리에서 자신의 와인 열정을 강의로 풀어냈다. 낭만의 파리는 환상이었고 생활의 파리에 지쳐가던 내게, 최 대표는 와인이라는 신세계를 안내해주었다.

그동안 구축한 와인 세계에 안주해도 될 정도로 내공이 쌓였을 그녀가 10여 년 전 봤던 그 모습, 그러니까 또다시 열렬한 첫사랑에 빠진 듯한 소녀의 눈으로 나타났다. "선배님, 선배님과 이 와인을 꼭 밤새 마셔봐야 한다니까요. 이건 정말 신세계랍니다."

내추럴 와인이었다. 알자스, 부르고뉴, 보졸레, 루아르, 에르미타주, 프랑스 전역의 와이너리를 종횡무진 누비며 내추럴 와인의 개척자들을 만나고 그 심오한 세계로 탐험을 계속해온 최 대표의 모습이 눈으로 보지 않아도 다 본 것처럼 훤히 그려졌다.

프랑스 내추럴 와인의 개척자들 못지않게 그녀 역시 개척자다. 방랑과 모험을 멈추지 않는 이 와인 배가본드 덕분에 한국의 와인 애호가들에게도 내추럴 와인의 깊은 내면을 알게 되는 기회가 주어지는 것이 참으로 고맙고 소중하다.

_강경희
조선일보 논설위원, 전 파리 특파원

내가 처음 영선을 만났을 때, 그녀는 흰 코트를 입은 아담한 모습으로 커다란 미소를 지으며 파리의 내추럴 와인 살롱에서 바쁘게 걸어 다니고 있었다. 그로부터 몇 주가 지나, 그녀는 다시 한번 같은 모습으로 나의 와인 저장고로 찾아왔다. 당시 이제 막 만들기 시작한 내 와인을 아직 한국으로 보내고 싶은 마음이 전혀 없었을 때인데도 말이다. 하지만 그녀의 밝은 미소와 상대방과 교감하며 나누는 대화는 우리가 가진 내추럴 와인에 대한 신념을 더욱 강하게 만들었고, 결국 나로 하여금 내 와인을 한국으로 보내야겠다는 생각을 하게 만들었다.

이것이 벌써 4년 전의 일이다. 영선은 이미 내추럴 와인을 사랑하는 모든 사람들이 꿈꾸는, 훌륭하게 구성된 자신만의 내추럴 와인 카탈로그를 가지고 있다. 프랑스인조차 부러울 정도로 말이다.

그 후 영선은 매년 나의 포도밭에 찾아온다. 그녀는 그해에 생산된 가장 새롭고 진실한 내추럴 와인을 맛볼 기회를 결코 놓치지 않으며, 내추럴 와인 생산자들과 함께 거리낌 없이 교류한다. 이 작은 체구의 여성이 가진 대단한 에너지와 열정은, 그녀를 우리의 일과 내추럴 와인을 널리 알리는 살롱의 개척자가 되도록 이끌었다. 영선은 내추럴 와인이 가진 진정한 정신을 많은 이들에게 공유하는 방법을 누구보다 잘 알고 있으며, 이 책이 바로 그 증거다.

이 책은 내추럴 와인 혁명을 이끈 위대한 선구자들에 대한 증언이자, 가상 따뜻한 휴머니티를 담고 있는 기록이다. 나는 이 책이 우리의 일과 사람, 그리고 내추럴 와인에 대해 당신에게 더 많은 이야기를 들려줄 것이라 믿는다.

_실비 오쥬로(Sylvie Augereau)
와인 저널리스트, 와인 생산자, 프랑스의 내추럴 와인 페어
'라 디브 부테이(La Dive Bouteille)' 운영자

Prologue

내가 디종(Dijon)에서 와인 비즈니스 석사 과정을 하던 2007년, 당시 프랑스는 유기농 와인에 대한 관심이 조금씩 생겨나던 참이었다. 석사 동기들 중에는 발 빠르게 유기농 와인 관련 포럼을 준비한 이들도 몇몇 있었는데, 당시 나는 유기농 음식에 대한 인식조차 별로 없었던 때라 포럼의 주제인 유기농 와인이 마음에 확 와닿지는 않았다. 그리고 몇 달이 지난 후, 나는 처음으로 '내추럴 와인'이라는 세계를 접하게 되었다. 하지만 당시 유기농 와인조차 이해할 수 없었던 내가 어떻게 온전히 내추럴 와인을 받아들일 수 있었겠는가. 그동안 학교에서 교육받은 범주의 와인과는 너무나 달랐기 때문에 내추럴 와인이라는 존재가 무척 당황스럽게 느껴졌고, 당시 함께 설명을 듣고 시음을 했던 나와 동기들이 내추럴 와인에 대해 호감을 표현하기는 어려웠다.

하지만 그로부터 몇 년이 흐른 후, 내가 가진 내추럴 와인에 대한 생각이 완전히 뒤바뀐 사건이 있었다. 구매해두고 몇 년간 까맣게 잊고 있던 한 내추럴 와인을 우연히 다시 마시게 된 순간, 나는 정말 깜짝 놀랐다. 시간에 따라 계속해서 변화하는 풍부한 맛과 향, 무엇보다 이산화황(SO_2)을 사용하지 않았기 때문에 장기 보관이 불가능할 것이라는 예측을 완전히 빗나간, 너무나 훌륭하게 숙성 중인 와인이었다. 게다가 목을 넘길 때 아무것도 걸리지 않는 듯한 그 자연스러운 맛이라니… 이러한 충격에도 불구하고 내가 본격적으로 내추럴 와인을 한국에 소개하기 시작한 것은 그 후로도 꽤 오랜 시간이 흐른 2014년부터였는데, 아무리 스스로 확신이 있다고 해도 아직 내추럴 와인을 한국 시장에 선보이기에는 너무 이른 것 같다는 판단 때문이기도 했고, 당시 막 시작한 와인 에이전트 비즈니스가 아직 제대로 자리를 잡기 전이라 사실 어떻게 소개해야 할지 막막하기도 했기 때문이다.

그러던 2013년 겨울, 랑그독 루시용 지역의 도멘 마탕 칼므(Domaine Matin Calme)의 안주인이자 공동 양조자였던 베로니크(Véronique)와 저녁을 함께할 자리가 있었다. 그녀는 내가 석사 과정일 당시 나와 동기들에게 내추럴 와인을 소개해주고 시음도 하게 했던 장본인인데, 한국인 입양아 출신이라는 독특한 이력 덕분에 나와 친구가 되어 가끔씩 연락을 주고받는 사이였다. 그런 그녀가 오랜만에 파리에 왔으니, 나는 단단히 취할(!) 준비를 하고 마음껏 와인을 마셨다. 그리고 새벽녘에 집으로 향하는 택시 안에서, 나는 다음 날 하루 종일 숙취에 시달릴 것이라는 확신에 찬 공포에 떨었다.

번개를 맞은 것처럼 강렬했던 그 날 아침을 나는 여전히 또렷하게 기억한다. 느지막이 눈을 뜬 후 습관적으로 물 한 잔을 마셨고 식탁에 앉아서 핸드폰으로 이메일 체크를 했다. 그러다 문득, 머리가 전혀 아프지 않다는 대단히 이상한 현실을 깨달았다. 와인이라는 알코올음료의 세계에 빠진 이래, 나의 주량을 훌쩍 넘겨 마시고 이렇게 멀쩡한 적이 있었던가. 지난밤이 다른 날과 달랐던 유일한 점은, 내추럴 와인만 마시는 베로니크를 따라 나 역시 첫 잔부터 마지막 잔까지 오로지 내추럴 와인만을 마셨다는 것이다!

아! 그때 나는 비로소 내가 해야 할 일을 찾았다는 것을 직감했다. 내추럴 와인과 관련된 이 두 번의 충격적인 사건을 통해, 2004년 한국에서의 안정적인 모든 삶을 접고 늦은 나이에 훌쩍 프랑스로 떠나온 후 계속되었던 방황의 끝이 보이는 듯했다. 남은 인생을 걸고 할 만한 의미 있고 재미있는 일을 드디어 찾은 것이다. 유기농 먹거리에 대한 인식은 이미 널리 퍼져 있는데, 마실 거리는 왜 아니겠는가. 시간의 차가 있을지언정 결국 세상은 내추럴 와인 쪽으로 움직일 것이라는 확신이 생겼다.

그날 이후 나는 내추럴 와인 행사가 있는 곳이라면 그곳이 어디든 거의 빠짐없이 찾아다니기 시작했다. 내추럴 와인에 제대로 눈을 뜨고 보니, 프랑스를 비롯한 유럽의 여러 와인 생산지에서 내추럴 와인 시장은 이미 상당히 발전해 있었고, 더욱더 빠른 속도로 확장되고 있었다. 거의 일 년 내내 내추럴 와인 생산자들이 주최하는 시음회가 프랑스 전역에서 열릴 정도였으니 말이다.

시음회를 다니던 초기, 나는 와인 생산자들과 '내추럴 와인이란 무엇인가'에 대해 많은 대화를 나눴다. 한국의 와인 소비자들을 설득하기 위해서는, 우선 내가 먼저 내추럴 와인에 대해 정확하게 설명할 수 있어야 한다고 생각했기 때문이다. 내추럴 와인에 대한 기본적인 정의는 "농약이나 제초제 등을 사용하지 않은 유기농 포도 혹은 더 나아가 비오디나미 농법으로 경작된 포도를 아무런 첨가제 없이 발효시켜 만든 와인"이라고 할 수 있다. 한마디로 깨끗한 와인이다. 하지만 이러한 정의는 수많은 논란을 불러왔고, 그 논란은 여전히 현재진행형이다. 그럼 내추럴 와인이 아닌 와인은 내추럴하지 않고, 깨끗하지 않다는 이야기가 되는 것처럼 다양한 관점에서 해석이 가능하기 때문이다.

내추럴 와인에 깊이 빠져들수록 나는 내추럴 와인의 탄생 초기부터 시작되었을, 작금의 논란을 뚫고 현재의 내추럴 와인 세상을 만든 1세대 생산자들의 삶이 궁금해졌다. 처음. 1세대. 사실 이러한 단어들이야말로 가장 큰 용기가 필요한 말이 아닐까. 고정관념이 단단히 뿌리 박힌 사회에서 처음으로 남들과 다른 시도를 하는 사람들이 있고, 그 시도를 성공해 보여주는 사람들이 바로 그 분야의 1세대들이다. 이들은 과연 쉽지 않았을 그 과정을 어떻게 견뎌내고 또 어떻게 극복해왔을까.

이 책을 통해 나는 그들에 대한 이야기를 하고 싶었다. 혁명적인 내추럴 와인 생산의 1세대들, 그들이 어떤 계기로 남들과 다른 와인을 만들었으며, 어떠한 실패를 겪었고, 그럼에도 불구하고 어째서 자신의 일을 계속해왔는지. 그리고 아무도 들어주지 않고 보아주지 않던 삶에서 이제는 누구나 마시고 싶어 하는 귀한 와인을 만드는 유명인의 삶으로 바뀌어버린 변화는 또 어떻게 살아내고 있는 지도 말이다.

이러한 궁금증을 풀기 위해 나는 내추럴 와인 양조가 탄생한 곳이자 현재 가장 활발한 움직임이 일어나고 있는 프랑스를 중심으로, 초창기 즉, 1980~90년대부터 이산화황 없이(SO_2 free) 양조를 시작했던 사람들을 찾아 연락하기 시작했다. 그리고 이들을 상대로 약 2년여에 걸쳐 인터뷰를 진행했는데, 애석하게도 이미 타계하신 분들은 그들을 가장 가까이에서 지켜보았던 분들을 인터뷰하는 것으로 대신했다. 와인 생산자들 외에도 내추럴 와인 시장 형성과 밀접한 관련이 있는 업종이나 언론인도 함께 다루어, 내추럴 와인이 본격적으로 생겨나기 시작하던 초창기의 분위기를 생생하게 전달하고자 했다.

생각하는 모든 것들이 쉽게 이루어질 수는 없는 법이기에, 과연 이 책이 세상에 나올 수 있을까 고민했던 기간도 있었지만 어느덧 2년여가 흐른 지금 나는 책의 프롤로그를 적고 있다.

평소 내추럴 와인을 즐기는 사람이든 아니든, 부디 이 책을 읽는 독자들이 '땅에 대한 근본적인 존중'과 '진실한 열정'을 바탕으로 내추럴 와인의 시작점을 만든 1세대 와인 생산자들의 이야기에 깊이 공감할 수 있기를 바란다. 그리고 이를 통해 내추럴 와인에 대해 한층 더 깊이 이해할 수 있는 계기가 된다면 글을 쓴 사람으로서 이보다 기쁜 일은 없을 것이다.

"멈추지 않고 의심을 하고, 많은 것을 관찰한다면, 그리고 만약 미생물에 대한 열정이 있는 사람들이라면, 그렇다면 그들은 언젠가 좋은 와인을 만들 수도 있을 것이다(S'ils doutent sans arrêt, s'ils observant beaucoup et s'ils sont passionnés de microbiologie, alors ils feront peut-être un jour du bon vin…)." - 쥘 쇼베

1

내추럴 와인의 아버지
쥘 쇼베
Jules Chauvet
(1907–1989)

오랜 벗이자 그의 지식을 전수받은
자크 네오포흐(Jacques Néauport)의 회상

COLLECTION JULES CHAUVET
Le vin en question
Jules Chauvet
Entretien avec
Hans Ulrich Kesselring
FRANÇAIS
ENGLISH

스위스의 와인 생산자 한스 울리히 케셀링(Hans Ulrich Kesselring)이 1981년에 쥘 쇼베와 와인에 관해 대화를 나눴던 음성 기록을 1998년에 쥘의 형제인 뤼시엥이 정리하여, 프랑스어와 영어가 병기된 책으로 출판했다.

쥘 쇼베(Jules Chauvet). 그의 이름은 내추럴 와인 세계에서는 거의 종교적인 의미를 갖는다. 대부분의 사람들은 쥘 쇼베가 단순히 이산화황(SO_2)을 쓰지 않고 와인을 양조하는 방법을 제시했기 때문에 유명하다고 알고 있지만, 이는 그가 이루어 낸 수많은 업적 중 하나일 뿐이다. 그는 당대의 저명한 생물학자이자 화학자로서 이산화황을 사용하지 않고 와인을 만들 수 있는 과학적인 근거를 제시했으며, 이에 대한 구체적인 양조 방법을 연구하고 개발했다. 또한 와인을 최대한 즐길 수 있는 와인 잔의 형태에 대해서도 연구했고, 그 자신이 대단한 와인 시음가로서 와인 시음 기술에 대해서도 다방면으로 기록을 남겼다.

하지만 정작 그는 내추럴 와인에 대한 시장의 수요와 흐름이 시작되기 훨씬 전인 1989년에 세상을 떠났기 때문에, 그를 직접 만났거나 기억하는 사람은 내추럴 와인 생산자들 중에서도 극소수에 국한된다. 그렇기 때문에 쥘 쇼베는 더욱 전설적인 인물이 되었고, 그에 관해 자세히 알고 있는 사람 또한 매우 드물다.

쇼베는 1907년, 보졸레 지역의 한 마을인 라 샤펠 드 갱쉐(La Chapelle de Guinchay)에서 태어났다. 와이너리와 네고시앙[1]을 겸업하는 집안의 4대손으로 태어나 어릴 때부터 화학과 생물학에 심취했는데, 아버지 밑에서 양조를 배우면서 일주일에 며칠씩 리옹에 있는 화학연구소에서 시간을 보내곤 했다. 그가 관심을 가졌던 분야에 대한 본격적인 연구는 1934년 리옹대학교에서 시작했으며, 주제는 모두 알코올 발효와 관련된 것이었다. 당시 그가 몰입했던 연구는 발효주, 그리고 알코올 발효를 일으키지 않는 달콤한 주스의 표면에 형성되는 곰팡이에 관한 내용이었다. 그는 발효주의 표면에 형성되는 곰팡이가 쥐라의 뱅 존과 밀접한 관련을 갖고 있다는 것을 과학적으로 증명하고자 했다.

1935년부터는 독일의 노벨의학상 수상자이자 생리학자이며 생화학자인 오토 바흐부르크(Otto Warburg)와 서신 교환을 시작했다. 주제는 화이트 와인 양조 과정에서 일어나는 특정 미생물의 번식에 대한 것이었다. 두 사람은 몇 년간의 서신 교환을 통해 서로의 지식을 주고받으며 함께 연구하는 친구가 되었다. 바흐부르크는 베를린에 있는 자신의 실험실

1 와인상인. 즉 포도를 구매하여 와인을 양조하고 판매하거나 혹은 양조된 와인을 구매하여 자신의 브랜드로 판매하는 업자를 일컫는다.

에서 쇼베가 연구를 할 수 있도록 배려할 정도로, 쇼베 연구의 절대적 지지자이자 후원자였다.

2차 세계대전 중 아버지의 죽음으로 젊은 나이에 와이너리를 물려받게 된 쇼베는 와인 양조를 하는 동시에 연구를 계속했다. 그는 레드 와인 양조에서 알코올 발효 시점에 높은 온도를 유지하는 것이 와인에 미치는 영향을 본격적으로 연구하고자 했다. 또한 1950년대에는 기술적(descriptive)인 와인 시음에 대한 새롭고 엄격한 기준을 도입했다. 쇼베는 최고의 와인 시음가로서 프랑스에서 만장일치로 인정받는 사람 중 한 사람이었고, 그의 와인 시음에 관한 접근 방식은 현대의 와인 시음 기법에도 지대한 영향을 끼쳤다.

그는 와인 시음 노트는 시가 아니기 때문에 인상파 그림을 볼 때처럼 감상이 표현되면 안 되고, 와인 시음가의 역할은 와인이 표현하는 또는 와인이 발현하는 특정 아로마를 식별하고 기록하는 것이라고 했다. 또한 단순히 '과일 향' 또는 '꽃 향'이라는 표현은 불충분한 것이며 정확히 어떤 과일인지 어떤 꽃의 향이 나는지 그 이름을 이야기해야 한다고 말했다.

그가 1952년 5월에 기술해놓은 샤토 하야스(Château Rayas)의 샤토뇌프 뒤 파프 1945년산 시음기를 한번 보자. 쇼베는 유명한 화학자이자 양조가였지만 이와 더불어 대단한 와인 시음 능력을 갖추었다는 것을 알 수 있다.

색Couleur: 석류석grenat, 불꽃feu

매우 섬세한 아로마Arômes très fines:
트러플truffe
덤불sous-bois, 낙엽feuille morte, 젖은 땅terre mouillée.
이국적 향신료epice exotique, 계피cannelle, 후추poivre, 향encens, 호박(보석)ambre
하바나 담배tabac de la Havane.
장미rose, 모과coing.

자두prune, 은은한 구중정향cachou discret, 미묘함subtil.

섬세한 나무수지의 복합성complexe de résine très fine, 향료encens,

미각적인 후각Odora gustatif:

국화향으로 발전하는 하바나 담배Tabac de la Havane évoluant vers le chrysanthème.

펼쳐지는 맛saveur étalée, 풍부함onctueuse, 타닌tannique, 긴 여운longue.

건축물과도 같은 구성forme architecturale. 구조는 놀라운 지속성을 지녔고, 부드러운 곡선들을 연결하며 순수하고 동시에 힘이 있다.

매우 훌륭한 와인Très grand vin.

과학자로서 쇼베의 연구는 와인에 집중되었다. 그는 특히 효모에 관심을 쏟았고, 와인 생산자로서 최초로 실험하고 발표한 중요 연구는 젖산발효(malolactic fermentation)와 탄산 침용(carbonic maceration)에 관한 것이었다. 그는 와인 테이스팅 잔에 대한 연구에도 열의를 가졌는데, 그가 제시한 잔이 현재 'INAO 잔'으로 불리는 테이스팅 스탠다드 잔이다.

이렇게 쇼베가 이루어 놓은 연구나 다양한 업적들을 살펴보면, 명실상부 현대 양조학의 기초를 닦은 인물이라고 할 수 있다. 그는 이때부터 일반적인 현대 양조학의 발전 방향[2]과는 다르게 천연 효모만을 사용한 발효가 와인의 아로마에 미치는 영향을 연구하기 시작했다. 그런 그가 밀접하게 관계를 맺고 평생 함께 연구를 했던 사람이 바로 당시 파스퇴르 연구소의 소장이었던 폴 브레쇼(Paul Bréchot)였다.

쇼베는 양조 기술뿐 아니라 포도밭 경작 방식에서도 보다 혁신적인 방법을 제시했다. 그는 생산자들이 토양의 특성을 존중해야 하며, 유기농 비료를 사용하고, 병마에 더 강한

2 현대 양조학에서는 천연 효모만으로는 발효가 완성될 수 없다고 판단하여 배양 효모 사용을 당연시 여긴다.

품종을 연구해야 한다고 말했다. 또한 포도 수확은 포도가 최상의 상태로 잘 익은 상태일 때, 가장 적은 충격을 가하면서 진행해야 한다고 주장했다. 그가 추구한 와인은 알코올이 너무 강하지 않으면서도 아름다운 향을 지닌 와인이었다. 거의 50년이라는 시대를 앞서간 '내추럴 와인' 그 자체였던 것이다.

쥘 쇼베에 대한 책을 읽고 자료를 찾아보면서, 나는 내추럴 와인을 사랑하는 한 사람으로서 그와 동시대를 살지 못했음이 무척이나 아쉬웠다. 그래서 책이나 자료로 접할 수 없었던 쇼베에 대한 생생한 이야기를 듣기 위해 그의 가장 가까운 벗이자 지식을 전수받은 후계자, 자크 네오포흐를 찾아갔다. 사실 자크 네오포흐의 책 《쥘 쇼베 혹은 와인의 재능(Jules Chauvet ou le talent du vin, 1997)》이 아니었다면, 사람들은 여전히 쥘 쇼베가 이룩해놓은 이론과 방법을 쉽게 찾아볼 수 없었을 것이다. 그의 오랜 벗을 기리며, 자크는 이 책에 쥘 쇼베의 모든 연구와 이론들을 집대성해 놓았다.

Natural Winemakers

1
Jules Chauvet

자크 네오포흐가 자신의 인생을 완전히 바꿔놓은 인물, 쥘 쇼베에 대한 이야기를 처음 접했던 때는 1976년이었다고 한다. 자크는 젊은 시절부터 워낙 와인을 좋아해서 와인 산지로 여행도 많이 다니고, 리옹 대학에서 학업을 시작한 후로는 근처의 와인 생산지인 보졸레를 자주 찾았다. 수확철에는 포도 수확을 돕고, 용돈도 벌면서 말이다. "나는 당시 리옹 대학에 다니고 있었고, 젊었으니 와인도 아주 많이 마셨지. 하하. 그러다 보니 다음 날 머리가 항상 아프더라고. 그러던 어느 날, 보졸레에서 이산화황을 넣지 않고 와인을 만드는 사람이 있다는 이야기를 들었어. 또 무슨 사기꾼인가 하는 생각이 들었지. 그러면서도 그게 누군지 한번 만나보고 싶다는 생각이 들더라고." 당시 쇼베의 모습은 드골을 닮은 당당한 풍채에 카리스마가 넘치는 사람이었다고 한다. 자크뿐 아니라 다른 누구라도 방문 요청을 쉽게 할 수 있는 사람이 아니었다고.

이후 자크가 리옹에서 공부를 마치고 영국에서 일하던 무렵의 일이었다. "1978년인가… 두 명의 지역 화가와 함께 보졸레의 와이너리를 돌아다니며 시음을 하고 있는데, 그중 한 사람이 쥘의 친척이라는 거야. 마침 그의 와이너리가 바로 근처에 있었지. 그래서 '드디어 가보겠군!' 하는 마음에 의기투합해서 연락을 했어. 쥘은 오지 말라고 하지는 않았지만, 막상 가보니 이미 저녁 8시였고, 그는 누군가를 기다리는 중이었어. 게다가 우리가 그를 찾아간 때가 1978년이었으니까… 즉 1977년에 수확한 포도를 가지고 이산화황을 넣지 않은 채 와인을 만들었다는 건데, 1977년은 작황이 아주 힘든 해라서 상한 포도투성이였거든. 그런 상황에서 어떻게 이산화황을 넣지 않고 양조를 할 수 있겠어. 나는 저 사람이 거짓말하는 것이 분명하다고 확신하고 있었어. 그러니 첫인상부터 좋았을 리가 없지. 나의 질문과 그의 답 사이에는 아주 팽팽한 긴장감이 감돌았어. 게다가 늦은 시간이라 그런지 그는 우리에게 와인 시음도 권하지 않더라고… 엎친 데 덮친 격으로 기분이 좋지 않았지." 짧고 긴장된 만남을 마치고 돌아 나오는 길에 쥘의 친척이었던 화가가 다음에 다시 와서 와인 맛을 보자고 하는 걸 자크는 거절했다고 한다. "내가 이 늙은 멍청이를 다시 만나는 일은 없을걸."이라고 말했을 정도라니… 처음부터 결코 즐거운 만남이 아니었던 것이다. 비록 그와의 만남이 좋지 않게 끝났지만, 쥘 쇼베에 대한 인상만은 대단했다고 자크는 말했다. 쇼베의 큰 키와 당당한 풍채, 카리스마 넘치는 모습이 무척 인상적이었다고 한다. 나중에 안 사실이지만 쇼베는 당시 자크를 만나자마자 앞으로 서로가 긴 인연으로 연결될 거라는 걸 느꼈고, 헤어지면서 '나를 다시 만나러 와주면 좋겠다'고 했단다. 그 후 이어진 자크와 쇼베의 긴 인연, 그리고 쇼베의 든든한 오른팔로서 그의 마지막을 함께할 거라는 걸 자크는 상상조차 못 했을 것이다.

재미있는 사실 하나는 당시 프랑스 대통령이었던 드골이 즐겨 마시는 와인이 바로 쇼베의 보졸레 빌라쥬(Beaujolais Village)였다고 한다. 드골은 평소 본인의 사생활을 드러내는 인터뷰를 하지 않기로 유명한 사람이었는데, '어떤 와인을 좋아하느냐'는 기자의 질문에 보졸레 빌라쥬라고 답을 했고, 그 와인은 다름아닌 쇼베의 와인이었다. "내가 쥘과 일을 하기 시작했을 때, 그가 드골과의 인연을 이야기해줬지. 드골은 바쁘게 해야 할 일이 많은 사람이라 그를 위해 과일 향이 넘치고 알코올은 10.5도로 약한, 마시기 쉬운 보졸레 빌라쥬를 따로 만들어준다고 했어. 낮 동안에 두어 잔 마셔도 대통령으로서의 업무에 큰 지장이 없도록 말이야. 오직 그 한 사람을 위한 와인인 거지." 와인 종주국의 대통령으로서 귀하고 값비싼 와인을 마실 기회가 분명 아주 많았을 텐데, 정작 드골이 가장 아꼈던 와인은 쇼베의 보졸레 빌라쥬였다니, 드골의 인간적이고 소박한 면을 엿본 것 같았다.

자크는 1978년부터 1980년까지 프랑스 전국의 와인 산지를 돌며 본격적으로 와인을 탐구하기 시작했다. 강렬했던 첫 만남 이후 2년이 지난 어느 날, 본(Beaune)의 도서관에서 자크는 쇼베의 책을 우연히 발견했다. 그 책에서 쇼베는 자신이 연구하고 주장하는 이론들을 상세히 설명해놓았는데, 자크는 책을 읽으며 그 내용이 모두 과학적 근거를 바탕으로 한 사실이라는 것을 깨달았다고 한다. 쇼베를 다시 만나고 싶어진 자크는 그에게 편지를 보냈다. 혹시 그의 와이너리에서 자신이 일을 할 수 있는지 문의하는 내용이었다. "답장이 없었어. 그해 가을에 수확도 하고 양조도 배우고 싶었는데, 연락이 없어서 결국 다른 와이너리에서 일을 하고 집으로 돌아왔지. 그런데 집에 오니 쇼베의 편지가 와 있더군. 건강상의 문제로 병원에 입원을 하는 바람에 나에게 제때 답장을 쓸 수 없었던 거야. 편지에는 지금 자신을 만나러 와달라고 쓰여 있었지. 편지를 읽자마자 나는 바로 그의 와이너리로 달려갔고, 다음 해 수확기부터 우리는 함께 일을 시작했어. 그리고 다시는 헤어지지 않았지."

"쥘은 늘 뒤에서 내가 컨설팅하는 와이너리들의 문제를 해결해줬어. 마치 보험처럼 나를 든든하게 받쳐준 존재였지. 그것도 그냥 보험이 아니라, 과학적 근거로 철저하게 증명된 지식보증 보험이었던 셈이야. 그는 절대로 내추럴 와인을 단순하게 꿈꾸는 사람이 아니었고, 양조가로서 세계 최고의 과학적 지식을 가지고 내추럴 와인의 개념을 확립한 사람이야. 그리고 그 지식을 아낌없이 타인들에게 나누어주었지. 쥘이 뒤에서 든든히 지원을 해준 덕에, 내가 손을 댄 와인 중 발효에 문제가 생기거나 잘못된 경우가 단 한 번도 없었거든. 참 대단한 일이지. 만약 노벨상에 와인과 양조학이 있다면, 그 상은 쥘이 받았어야 마땅해."

사실 지금처럼 많은 사람들이 당연하게 포도밭에 화학 약품을 사용하기 전에는, 모든 포도는 다른 농작물과 마찬가지로 유기농으로 재배되었다. 이산화황 역시 로마 시대부터 사용되었다고는 하나 이조차 살 여력이 안 되거나 혹은 건강상의 이유로 사용을 하지 않는 와인 생산자들도 오래전부터 존재해 왔다. 루아르의 아케 자매(Soeurs Haquet)[3]를 비롯해 나중에서야 유명해진 사람들도 있지만, 대부분은 우리가 모르고 있었을 뿐이다. 하지만 과학적 근거와 지식을 바탕으로 이산화황을 배제한 양조를 진행하면서 그에 따라 발생할 수 있는 문제들을 예방하고 해결한 사람은 쥘 쇼베가 최초였다. 그의 첫 시도가 1951년이었으니, 가히 세상을 앞서 살다 간 선구자가 아닐 수 없다.

1951년 수확한 포도로 그는 두 개의 다른 와인을 만들었다. 하나는 이산화황을 기존의 방식대로 넣은 와인이었고, 다른 하나는 전혀 넣지 않은 와인이었다. 그는 과학자답게 비교 실험을 통해 확신을 얻고자 했다. 두 개의 와인이 완성되기 전, 오크통에서 숙성 중일 때 그는 시음을 하고 아래와 같은 간단한 기록을 남겼다. 이 시점에서 그는 아마도 상 수프르(Sans Souffre)[4] 와인이 자신이 찾던 정답이라는 확신을 하지 않았을까.

3 루아르의 보리유 쉬르 루아르(Beaulieu sur Loire) 마을에서 와인을 만들었던 자매, 프랑수아즈와 안느 아케(Françoise, Anne Haquet)는 1969년부터 이산화황을 넣지 않고 와인을 양조했다.

“그는 절대로 내추럴 와인을 단순하게 꿈꾸는 사람이 아니었고, 양조가로서 세계 최고의 과학적 지식을 가지고 내추럴 와인의 개념을 확립한 사람이야.”

이산화황 미사용 와인: 섬세하고 은은한 꽃 향이 미묘하고 풍부함.

이산화황 사용 와인: 둔탁하며 다양한 향이 사라짐.

이후 쥘은 1962년부터 1988년까지 프랑스 전국 각지에서 찾아온 40명 이상의 연수생을 가르쳤다. 그를 찾아와 배움을 청했던 사람들 중에는 보르도의 그랑 크뤼 샤토에서 온 사람들도 많았는데, 심지어 샤토 페트뤼스에서 배우러 온 사람도 있었다고 한다.

“한번은 피에르 오베르누아를 쥘 쇼베에게 데리고 간 적이 있었어. 피에르가 화이트 와인의 ‘철(fer)’ 문제를 고민하고 있었기 때문이었지. 그래서 문제가 된 와인을 병에 담아가서 함께 쥘을 만났어. 쥘은 피에르가 설명하는 문제를 듣고 10분 정도 생각을 하더니 바로 몇 가지 방법을 제시했어. 피에르는 쥘의 조언을 그대로 따랐고, 이후 다시는 같은 문제가 일어나지 않았대.”

세상을 떠나기 2년 전, 이미 암을 비롯한 여러 가지 병을 앓고 있던 상태에서도 쇼베는 거의 120종류의 와인을 시음했다고 한다. 그는 투병 중임에도 불구하고 기술하는 와인에 대한 판단 및 표현이 매우 정확해서 같이 있던 모든 사람들을 놀라게 했다. “쥘은 프랑스 최고의 향수 회사와도 일을 했어. 그만큼 그의 후각은 최고였으니까.” 모든 면에서 최고의 인물이었던 쇼베. 예술가이자 동시에 과학자이면서, 프랑스 최고의 셰프 알랭 샤펠(Alain Chapel)[5]과 절친한 친구였을 만큼 미각도 최고였던 쇼베.

4 SO2 free를 뜻하는 말로 이산화황을 전혀 넣지 않은 와인을 말한다.

5 프랑스 누벨 퀴진의 선구자로 미슐랭 3스타 셰프이면서 내추럴 와인의 옹호자였다. 1990년 타계하기까지 명실공히 프랑스 최고의 셰프였다.

양조가이자 과학자 그리고 뛰어난 후각을 지닌 직업인으로서의 쇼베를 떠나 인간적인 면에서 그의 모습은 어땠을까. "그는 시인이었지. 문학도였던 나와 시에 관한 이야기를 자주 했거든. 어떤 시에 대해 이야기를 하고 나면 꼭 그 시를 다시 찾아서 읽고, 그에 대한 감상을 함께 나누곤 했어. 그는 제2차 세계대전 초기에 전쟁 포로가 된 적이 있었는데, 그때 포로들 사이에서 의사 역할을 했어. 독일의 노벨의학상 수상자인 오토 바흐부르크와 오랫동안 연구를 해온 덕분에 그 역시 전문적인 의학 지식을 갖추고 있었거든. 어느 날 그가 포로수용소 탈출을 시도한 일이 있었어. 그때 수용소장한테 편지를 하나 남겼다고 해. '당신이 싫어서 탈출하는 것이 아닙니다. 보졸레의 포도 수확 시기가 다가오고 있어서 저는 가야만 합니다'라고." 다행히도 그는 탈출에 성공했고, 그 해의 포도 수확을 무사히 마쳤다고 한다. 하지만 수용소장에게 남긴 편지의 내용을 보면, 포로수용소라는 단어가 가지는 무시무시한 느낌을 한 번에 씻어낼 만큼 낭만적이지 않은가.

현재의 내추럴 와인 양조에서 50년 이상의 시대를 앞서갔던 인물, 쥘 쇼베. 그의 오랜 벗이자 동지였던 자크 네오포흐의 기억 속에 새겨진 쇼베는 뛰어난 능력을 갖춘 과학자면서 동시에 인간적인 매력도 한껏 품고 있던 사람이었다. 여기에 겸손함까지 갖추었으니 지난 세기가 낳은 가장 뛰어난 선각자 중 한 사람이 아닐까. 내추럴 와인을 사랑하는 한 사람으로서, 타임머신이 있다면 그를 만나서 꼭 한 번 이야기를 나누어보고 싶다.

쥘 쇼베가 만든 마지막 와인

2

쥐라의 살아 있는 전설
피에르 오베르누아
Pierre Overnoy

내추럴 와인을 즐기는 사람들이 가장 마시고 싶은 와인이면서 또한 가장 구하기 어려운 와인을 만드는 곳, 메종 피에르 오베르누아(Maison Pierre Overnoy). 그는 프랑스 북동쪽의 와인 생산지인 쥐라(Jura)에서 샤르도네(Chardonnay), 사바냥(Savagnin) 그리고 플루사르(Ploussard) 품종으로 가장 자연적이면서 완성도 높은 와인을 만들고 있다.

그는 1950년대부터 가족 소유의 포도밭에서 경작과 양조를 시작했고, 80년대부터 본격적으로 이산화황을 사용하지 않은 와인 양조를 시작했다. 90년대 후반이나 2000년 초반까지만 해도 피에르가 만든 와인의 가치를 알아보고 사랑하는 이들이 지금처럼 폭발적이진 않았다. 하지만 내추럴 와인 시장이 프랑스를 비롯해 영미권에서 빠르게 성장을 시작한 이후, 그의 와인 가격은 하늘 높은 줄 모르고 연일 치솟고 있다. 이러한 변화는 시골 농부로서 와인의 가격을 한결같이 유지해온 피에르와 그의 후계자인 에마뉘엘 입장에서는 무척 유감스러운 부분일 것이다. 이와 더불어 그의 와이너리가 위치한 쥐라의 작은 마을인 푸피양(Pupillin)-피에르가 사는 마을이라는 점을 제외하면 특별한 관광지가 아닌-을 찾는 와인 애호가들의 발길도 더욱 늘어가고 있다.

나 역시 내추럴 와인에 빠져든 이후 꼭 한 번 만나 보기를 손꼽아왔던 피에르 오베르누아. 와인 업계에서 그의 와인이 갖는 상징성과 전 세계적인 명성을 뒤로하고, 그는 너무나 친근한 이웃 할아버지처럼 우리를 반갑게 맞아주었다. 푸피양 한 켠에 있는 오래된 집에 살고 있는 피에르는 그를 한 번이라도 보기 위해 전 세계에서 찾아와 무턱대고 벨을 누르는 사람들을 인자하고 온화한 웃음과 함께 늘 맞이하려고 한다. 하지만 인터뷰 내내 나는 그의 대단한 기억력과 엄청난 지식 앞에 감탄하며, 거장이라는 단어는 이런 분께 붙이는 거겠구나, 하고 실감했다. 벌써 80세가 넘었음에도 불구하고, 그는 60년대와 70년대의 일을 마치 어제 일처럼 생생하게 기억하고 있을 뿐 아니라 심지어 정확한 날짜까지 기억하고 있었다!

병입이 되려면 아직도 몇 년은 더 기다려야 하는 사바냥 2016년산을 곁들이면서 시작된 인터뷰는 그를 찾아오는 이웃과 친구들이 드나들며 함께하는 풍경 속에서 진행되었다.

MAISON
PIERRE OVERNOY
Emmanuel et Anne
HOUILLON - OVERNOY
Vin produit sans désherbant chimique
32

Natural Winemakers

2

Pierre Overnoy

한때 피에르는 부르고뉴의 본에 위치한 양조학교에서 수학을 했다. "그때 나는 왠지 아버지와 할아버지한테 배운 것만으로는 충분하지 않을 것 같다는 생각에 사로잡혔었단 말이지…. 그래서 현대적 양조 기술을 배울 수 있는 학교를 다녔고, 거기서 배운 대로 와인을 만들기 시작했어. 그러던 어느 날, 알코올 발효가 끝나서 와인을 걸러내고 남은 찌꺼기(Marc, 마르) 냄새를 맡아 보고는 내가 틀렸다는 걸 바로 깨달았어. 아버지가 만들었던 와인의 찌꺼기에서는 향기로운 과일 향이 넘쳤는데, 내 것에서는 불쾌한 냄새가 가득했거든. 바로 이산화황이 주범이었던 거야." 그의 밭은 제초제 등 화학 약품을 사용한 적이 없었기 때문에 나쁜 냄새의 원인은 학교에서 배워 그대로 적용했던 다량의 이산화황일 수밖에 없었고, 그 순간 피에르는 학교에서 배운 모든 것이 잘못된 지식이었다는 것을 생생하게 깨달았다.

이런 유기농에 대한 그의 확고한 생각과 관철은 어디에서 왔을까. 사실 예전에는 유기농이라는 단어 자체가 필요하지 않았다. 농사에 쓰이는 화학 약품이 아예 존재하지 않았으니까. 화학 제초제가 쥐라 지역에 소개된 것은 프랑스의 다른 와인 생산지보다 조금 늦은 1964년경이었다. 제초제를 팔러 온 영업사원의 첫 목적지가 도멘 드 라 팡트(Domaine de la Pinte)였다고 한다. "당시 팡트의 오너 마르탕 씨는, '흠, 이거 별로 믿음직하지 않은데…. 포도밭 저기 저 끝자락, 혹시나 포도나무가 망가져도 관계없는 땅에 한번 사용해볼까.'라며 한 발짝 뒤로 물러났었지. 진심으로 제초제를 믿을 수는 없었지만 새로운 제품이니 시도는 한번 해보자는 거였어. 그렇게 제초제를 뿌려본 후 그 효과는 거의 기적 같았어. 하루 종일 힘들게 쟁기질을 해야 겨우 1헥타르 밭의 잡초를 제거할 수 있었는데, 이 신기한 약은 그냥 잠깐 시간

을 들여 뿌려두기만 하면 잡초가 없어지고 포도나무는 더욱 싱싱해졌으니 말이지. 결국 쥐라 사람들도 앞다투어 제초제를 사용하기 시작했어. 하지만 화학 제초제를 들고 온 그 영업사원은 제초제가 천연 효모에 미치는 영향에 대해서나, 그로 인해 땅의 수많은 미생물이 어떻게 되는지에 대해서는 말하지 않았어. 그 제품을 사용하면 천연 효모나 미생물이 살 수 없는 환경이 된다는 건 안중에도 없었던 거지. 그저 이 제품을 쓰면 얼마나 편한지, 얼마나 쉽게 일할 수 있는지, 또 포도밭은 얼마나 아름답게 가꿔지는지에 대해서만 이야기했지…."

이러한 배경에도 불구하고 피에르의 밭은 지금까지 단 한 번도 화학 약품에 노출된 적이 없다고 한다. 당시 그는 그 신기한 현상을 보고도 믿지 않았던 것일까? "나의 논리는 단순했어. 믿기에 너무 아름다운 현실은 사실이 아니라는 것. 무엇이든 완벽한 것은 존재하지 않기 때문에 제초제의 신기함 뒤에는 지불해야 할 대가가 반드시 있을 거라 생각했지."

사실 피에르의 고객들 중에도 화학 제초제를 포도밭에 사용하면 그 성분이 와인에 들어가지 않냐고 묻는 사람들이 있었다고 한다. 일찍이 1960~1970년대에 와인을 마시던 사람들

중에서 화학 약품의 유해성을 걱정하는 사람들이 상당수 있었다는 사실이 흥미로웠다. 아마 그 시기가 화학 약제가 농경에 사용되던 초창기라서 가능했으리라. 화학식 농업에 이미 완전히 익숙해진 이후의 세대들은 오히려 '유기농'이라는 단어가 다시 등장했을 때 얼마나 차갑게 반응했던가. 나 또한 '유기농 와인'이란 용어가 처음 등장했을 때 이건 또 무슨 종류의 마케팅일까 정도의 관심뿐이었으니.

피에르의 이야기는 계속되었다. "와인은 절대 양조장에서 시작되지 않아. 양조는 포도밭에서부터 시작되는 거지. 내가 이산화황을 전혀 사용하지 않고 와인을 만들기 시작할 수 있었던 이유는 내 밭에서는 처음 포도나무가 심어진 그 순간부터 단 한 번도 화학 약품을 사용하지 않았기 때문이야. 그러니 당연히 월등하게 많은 수의 효모가 존재하는 아주 건강한 포도를 수확할 수 있었고, 이산화황을 사용하지 않아도 와인의 발효가 정상적으로 진행될 수 있었던 거지. 이산화황을 사용하는 가장 흔한 이유는 발효 과정에서 불필요하고 방해되는 존재인 박테리아를 없애기 위한 것인데, 화학 약제는 포도에 붙어 있는 발효에 필수적인 효모들 중 상당 부분 역시 죽이게 되거든. 결국, 화학 약제를 쓰니 나쁜 효모나 박테리아만 남게 되고 이를 제거하기 위해 이산화황을 넣을 수밖에 없는 거지. 그리고 발효 중에도 양조 효모를 추가로 넣어주지 않으면 발효가 완성될 수 없는 현상이 벌어지는, 그야말로 악순환인 거야."

이미 로마 시대부터 와인 양조에 사용된 이산화황. 처음에는 이를 포도주에 직접 넣기보다는 나무통 안에 황을 태워서 살균하는 방법 등으로 사용되었다고 한다. 처음 피에르에게 이산화황을 사용하지 않고 와인을 만들어 볼 것을 권유한 이는 '내추럴 양조학의 아버지'라고 불리는 쥘 쇼베이다. "이산화황을 넣지 않고는 양조 자체가 불가능하다고 말하는 사람들

"와인은 절대 양조장에서 시작되지 않아.
양조는 포도밭에서부터 시작되는 거지."

PUPILLIN
2001

사바냥 2016

은, 정말 좋은 품질의 포도를 경험하지 못한 사람들이야. 그들은 이산화황을 넣지 않고 와인을 만드는 일은 불가능하다며 내가 거짓말을 하고 있다고 비난했지. 심지어 우리 양조장에 와서 먹고 자며 나를 지켜보겠다고 한 사람도 있었어."

피에르도 처음부터 그의 와인에 이산화황을 아예 넣지 않았던 것은 아니다. 1984년과 1985년에는 양조 과정에서 이산화황을 전혀 사용하지 않았지만 병입시에는 살짝 사용을 했고, 처음으로 이산화황을 전혀 넣지 않고 병입까지 한 빈티지는 1986년이었다고 한다. "1986년산 와인은 처음부터 끝까지 이산화황을 전혀 사용하지 않았지. 그런데 폴리니(Poligny, 쥐라의 한 마을)의 한 양조학자가 그게 가능하냐며, 그렇게 만든 내 와인은 절대 2년 이상 버틸 수 없을 거라고 공언을 하고 다녔어. 그래서 어떻게 했냐고? 아무 대응을 안 했지. 그러고 나서 5년 정도 지나 그를 불러서 와인 맛을 보게 했어. 아무 말도 못 하더라고. 그래서 6년 후, 다시 7년 후에도 와인 맛을 보여줬지. 하하. 사실 그 양조학자는 예전부터 진실한 사람이 아니었던 게, 사람들을 모아 놓고 와인 테이스팅을 하는 자리에서 어디서 구했는지 정말 말도 안 되는 와인을 가져다 놓고는 시음을 하게 했거든. 당연히 반응이 좋지 않았지. 그리고 바로 그때, '이 좋지 않은 와인이 바로 유기농 와인이다'라고 말했어. 당시 유기농 와인 중에서도 가장 저급한 와인을 골라서 컨벤셔널 와인의 최고 등급 와인과 비교 테이스팅을 했으니… 정말 유치한 속임수가 아니고 뭐겠어."

피에르가 와인 업계에 불러온 논란은 이산화황 사용 여부 말고도 하나가 더 있다. 쥘 쇼베의 권유로 그는 1985년부터 쥐라 지역의 토착 화이트 포도 품종인 사바냥 와인을 우이예(Ouillé)[6] 방식으로 만들기 시작했는데, 이 방법이 사실 이곳에서는 너무나 위험한 시도였던 것이다.

쥐라에서는 전통적으로 사바냥 품종의 알코올 발효가 끝나면 오크통에 넣고 수년 동안 숙성시키면서 우이예를 전혀 하지 않는다. 그 상태로 4~5년 이상 숙성을 시키면 오크통 안의 와인이 반 정도로 줄어들 만큼 자연 증발분이 상당해진다. 이렇게 만들어진 와인을 '뱅 존(vin jaune)'[7] 이라고 부르는데, 특유의 산화 풍미와 견과류 향이 어우러지는 멋진 와인이다.

6 와인을 오크통에서 숙성하면 시간이 흐르면서 자연적으로 알코올 증발 현상이 일어난다. 이때 오크통 안의 와인 수위가 내려가면서 와인이 공기에 노출되고 따라서 산화가 진행되는데, 이를 방지하기 위해 정기적으로 오크통에 와인을 채워 넣어 주는 것을 우이예(top-up)라고 한다.

"내추럴 와인을 만드는 일이,
그저 포도주스를 단순히 발효시킨 것이니
할 일이 별로 없을 거란 착각은 금물이야."

그리고 쥐라 지역에서는 뱅 존이 아닌 사바냥으로 만든 일반적인 화이트 와인도 우이예를 하지 않고 양조를 한다. 그래서 이 지역의 화이트 와인에도 역시 가볍게 산화된 풍미가 생기는데, 오랜 기간 동안 이 독특한 맛에 익숙해져 있는 소비자들에게 과일 향과 신선함을 갖춘 전혀 새로운 사바냥 화이트 와인은 얼마나 이상하게 느껴졌을까. 전대미문의 새로운 시도를 통해 만들어진 와인의 판매가 잘 되었을 리 없었다. "지금까지 만들어온 농-우이예(Non-ouillé, 우이예를 하지 않은) 와인에서는 사바냥의 특징이 확연히 드러나는데, 우이예를 하면 이 와인이 사바냥인지 샤르도네인지 당췌 알 수가 없단 말이지. 하하. 물론 자크 네오포흐와 나는 아주 만족했지만 말이야. 다른 사람들은 대부분 끔찍하게 싫어했어. 하지만 그로부터 25여 년이 흐른 지금은 다들 우이예 방식을 써서 화이트 사바냥 와인을 만들고, 이를 레이블에 표기하고 있지. 나는 우이예란 표현을 한 번도 쓴 적이 없어. 왜냐하면 나의 사바냥은 늘 우이예였으니까. 아니면 아예 우이예를 하지 않는 뱅 존이거나.[8] 그가 처음 시도했던 사바냥 와인의 우이예 양조 방식은 현재 쥐라 지역 전체로 퍼졌고, 최근 몇 년 사이에 더욱 유행이 되었다.

소탈하게 웃으며 이야기하는 그에게 나는 궁금했던 질문을 던져보았다. 일찍이 1980년대에 기존 방식과 다른 양조를 시작했고, 또 그의 와인을 아무도 이해하지 못하는 시절도 있었지만, 지금은 모든 사람들이 피에르 오베르누아를 열광적으로 외치며 비싼 값을 치르고서라도 꼭 한 번 마셔보려고 하는 현상을 어떻게 생각하는지 말이다. "나는 도저히 이해할 수가 없어. 내가 만든 와인이 어떻게 200배가 넘는 가격인 500유로에 팔릴 수 있는지. 20배도

7 Jaune은 노란색을 의미하는 프랑스어로, 오랜 기간 숙성과 산화에서 오는 짙은 컬러를 지칭하는 것이다.

8 쥐라에서 생산되는 사바냥 품종의 화이트 와인은 드라이 화이트 와인이든 뱅 존 이든 기존에는 모두 우이예를 하지 않았다.

아니고 200배라고. 도대체 누가 이런 비상식적인 일을 벌이는 건지…" 자신이 정성 들여 만든 와인, 테이블에서 즐거운 마음으로 소비되기를 바라며 만든 와인이 투기의 대상이 되었다는 사실이 무척 안타까운 듯했다. 하지만 이렇게 높은 가격보다도 더한 문제가 있다고 한다. 바로 가짜 와인이다. "어느 날 나를 찾아와서 '당신네 와인 1947년을 운 좋게 샀어요!'라며 자랑스럽게 병을 보여준 사람이 있었는데, 그 병은 우리 도멘에서 한 번도 사용한 적이 없는 형태의 병이었고 레이블도 가짜였어. 게다가 얼마에 샀냐고 물어보니… 8,500유로를 지불했다고 하더라고. 정말 기가 막힌 일이지. 어쩌면 그 내용물은 아예 와인이 아닐 수도 있겠어. 그런 값의 물건은 감상용이지 어떻게 마시겠어…"

이러한 사건들은 대단한 성공에 따라오는 작은 부작용이라 생각하는 사람도 있을 것이다. 하지만 피에르는 단호했다. "성공이라니, 그저 지나친 과장일 뿐이야. 우리 할아버지가 좋은 땅을 찾아 정성을 들여 묘목을 골라 심으셨고, 최선을 다해 와인을 만드셨지. 아버지에 이어 나 역시 단순하게 그 가업을 이어받았을 뿐이야. 그런데 어떻게 내 와인이 그렇게 비싼 가격에 팔릴 수가 있으며, 심지어 가짜 와인까지 등장하는 건지… 휴…" 시장에서의 엄청난 가격 상승에도 불구하고 도멘의 출고 가격은 거의 변동 없이 계속해서 와인을 만들고 있는 피에르. 그 고집에 경외심을 가지지 않을 수 없었다. 이미 주식 시장처럼 움직이는 보르도 선물 거래 시장(En Primeur, 엉프리뫼르)[9]의 유명 와이너리 오너들은 절대로 가질 수 없는 철학일 것이다.

1960년 초반, 쥐라 지역에 처음으로 제초제 등의 화학 약품이 소개된 후 화학 농법은 약 30년 동안 위력을 발휘하다가 최근에서야 점점 그 사용이 줄어들고 있다. 피에르는 이에 대해 "젊은 세대들이 앞장서고 있어서 정말 다행이지."라며 그 공을 젊은 양조가들에게 돌린다. "옛날에는 나에게 일을 배우러 온 젊은이들에게 돈을 벌려면 우리처럼 하면 안 된다고 가르쳐야 했어. 심지어 어떤 학생은 내가 가르쳤던 방법이 아닌 이산화황을 넣는 방법으로 자신의 리포트를 적고는 나에게 사인을 해달라고도 했지. 내가 양조하는 방식으로 리포트를 써서 제출하면 자신의 학위가 거절당할 게 뻔하기 때문이라고. 아주 옛날의 일이긴 하지만, 당시에는 내 양조 방식이 뭔가 잘못되고 나쁜 것으로 간주되던 시절이 있었어."

9 보르도의 샤토들이 와인을 출시하기 전, 병입하기 전의 와인을 미리 공개하고 거래하는 선물(先物) 시장을 의미한다.

"한번은 양조학을 공부한다는 여학생이 우리 와인을 맛보고는 아주 마음에 든다며 인턴을 하면 안 되냐고 물었는데, 그 이후로 소식이 없어 연락해보니 피에르 오베르누아에서 인턴을 하면 학위를 줄 수 없다고 그의 교수가 말했다더군…" 그때 그 말을 했던 교수는 20여 년이 흐른 후, 그가 무시하던 피에르의 와인이 전 세계 와인 애호가들의 추앙을 받게 되고 심지어 와인 투기의 대상이 될 거라고는 상상할 수도 없었을 것이다. 하지만 이제는 많은 젊은 이들이 양조학교에서 배운 방식을 벗어나 적극적으로 유기농작을 하고 내추럴 와인을 만들고 있다. 이런 그들에게 현재의 내추럴 와인 운동에 대한 공을 돌리는 것은 젊은이들에게 피에르가 느끼는 고마움의 표현인 것이다.

젊은 세대들에 대한 이야기는 자연스럽게 현재 도멘 피에르 오베르누아를 이끌고 있는 에마뉘엘 우이용(Emmanuel Houillon)에 대한 대화로 연결되었다. 그는 피에르의 자식도 아니고(피에르는 80세가 넘은 현재까지 독신이다), 피에르가 아주 늦게 양자로 맞이한 후계자인데 과연 여기에는 어떤 사연이 있었을까. 에마뉘엘과의 인연은 에마뉘엘의 부모와 삼촌이 피에르의 와인을 구매하러 왔을 때 어린 에마뉘엘이 따라오면서 시작되었다. 처음 만났을 때 에마

발효 후 압착기를 통해 와인을 짜내고 남은 포도알

뉘엘은 14살이었고, 1989년부터는 도멘의 포도 수확에도 참여를 했다. "14살에 처음 놀러 온 후, 에마뉘엘은 포도 수확에 참여하면 용돈을 벌 거라는 단순한 생각에 도멘을 다시 찾아왔어. 그다음 해 여름에 친구들과 놀러 와서 며칠을 지내더니 '와인이 재미있는 거 같아요'라고 하더라고. 나처럼 학교 공부는 전혀 관심이 없는 듯했고. 하하. 결국, 그 말을 시작으로 그는 8년에 걸쳐 우리 도멘에서 일을 하면서 다양한 와인 공부를 마쳤어. 나는 그에게 도멘을 물려주기 위한 첫 번째 절차로 우선 직원으로 채용을 했고, 다시 도멘 상속을 위해 입양 절차를 밟아 아들로 삼았지." 참 아름다운 이야기다. 순수하게 와인을 좋아하는 청년과 아무런 사심 없이 피 한 방울 안 섞인 청년에게 도멘을 물려주는 피에르. 이 모든 것은 진심으로 내추럴 와인을 만드는 사람이기에 가능하지 않았을까.

그런데 에마뉘엘이 8년이나 양조학교에서 와인 공부를 했다니, 조금 의아한 마음이 들었다. 피에르 본인이야말로 양조학교에서 배운 것이 모두 소용없다는 것을 절실하게 알았을 텐데, 왜? "배우는 일은 늘 중요하거든. 그래야 문제가 생겼을 때 다양한 방법으로 해결책을 모색할 수 있으니까. 내추럴 와인을 만드는 일이 그저 포도주스를 단순히 발효시킨 것이니

할 일이 별로 없을 거란 착각은 금물이야. 이산화황이나 양조 첨가제를 사용하지 않는 양조는 더욱더 조심스럽게 모든 것을 계산하고 파악하고 있어야 제대로 된 와인을 만들 수 있거든. 그리고 에마뉘엘이 본의 양조학교를 다닐 때만 해도 교수들은 열린 마음으로 이산화황을 쓰지 않은 와인을 대하고, 관심을 갖고 있었어. 시간이 흐르면서 그들은 이산화황을 쓰지 않은 와인에 적대적으로 변한 것 같아…. 당시 교수들은 이산화황 없이 와인을 만든다는 것에 대해 오히려 배우고자 했고, 호기심을 가졌었다고. '아니다'라고 절대 부정하기보다는 '우리가 모르는 분야'라고 했지. 심지어 우리 집에 와서 와인을 맛보고 구매를 해가는 교수들도 있었으니까."

"쥘 쇼베가 이야기한 것처럼, 사이비 과학자들은 그들이 배운 것을 단순히 반복하는 것에 만족을 하곤 해. 사이비 과학자들의 성찰 없는 반복이 언제나 문제가 되지. 이는 과학자들뿐 아니라 양조학교에도 적용이 되는 이야기야. 소믈리에학교 혹은 양조학교에서 교수들은 자신이 가르치는 것에 대한 성찰이나 숙고 없이 기존의 이론을 너무 당연한 지식으로 받아들이고 있어. 아주 위험한 일이지. 반면 본의 유명한 양조학자였던 막스 레글리즈(Max Leglise, 1924-1996) 같은 분도 있었어. 그는 무척 영향력이 있는 사람이었지만, 배운 지식을 맹목적으로 따르는 것이 아니라 다시 한번 생각해보던 사람이었거든. 그도 내 와인을 편견 없이 마셔보고는 맛있어했지. 그는 남들이 뭐라고 하든 맛있는 와인에는 분명 맛있는 이유가 있을 거라 생각하고 그 이유를 찾으려고 노력한 끝에, 결국 이산화황을 사용하지 않은 양조에 찬성하게 되었지. 1990년대에 활약한 유명한 양조학 교수였는데도 말이야."

아주 어릴 때부터 포도밭에서 일하고, 할아버지와 아버지의 양조 작업을 도왔던 피에르. 그가 지금까지 경험한 최고의 빈티지는 언제였을까. "생각할 필요도 없이 1964년이지!"라고 힘주어 대답한 그가 연이어 1964년산 와인에 대한 재미난 에피소드를 풀어놓기 시작했다. "2006년 어느 날, 마르셀 라피에르를 비롯해 보졸레의 내추럴 와인 1세대 생산자들이 나를 찾아왔어. 그때 판매되고 있던 빈티지가 2004년이었는데 그들에게 시음주로 와인을 내놓으면서 1964년산도 슬쩍 끼워넣었지. '오, 이건 꽤 젊은 와인인데요. 아마 2000년 이후의 와인일 듯해요.'라고 모두들 한목소리로 이야기하더라고. 심지어 우리 며느리인 안느조차 '피에르가 요즘 팔고 있는 와인 중에 한 병을 들고 왔나 봐요'라고 했다니까. 하하."

“건강한 포도를 사용하고,
양조 기간 중 이산화황을 사용하지 않고 만든 와인은
그 자체로 완벽한 삶을 갖는다고 확신하고 있어”.

그는 1964년 이후로 그와 가장 비슷한 캐릭터를 가진 빈티지는 2017년이라며, 이제 막 발효를 마치고 긴 숙성을 앞둔 2017년산 플루사르 와인을 한번 맛보라며 내어왔다. “1964년도 2017년 빈티지처럼 상당히 부드러웠어. 타닌도 그리 강하지 않았고. 게다가 폴리니의 양조 전문가는 당시 1964년 빈티지는 앞으로 2년을 못 버틸 것이라고 예견을 했었으니, 다들 빨리 팔아 치워야 한다고 생각하고 서둘러 팔았을 거야. 모두가 그렇게 이야기를 하니 나는 반대로 호기심이 생겨 와인을 따로 보관용으로 챙겨 놓았는데, 그중 한 병을 그 유명한 보졸레 군단에게 2006년에 내놓은 거지. 그런데 다들 젊은 와인이라며 2000년 이후의 빈티지일 거라고 입을 모았으니…. 와인의 생명력은, 특히 이산화황을 전혀 사용하지 않고 완벽하게 잘 만들어진 와인이 갖는 생명력은 이산화황에 의해 훼손(피에르는 이 단어에 아주 힘을 주었다)된 와인보다 얼마나 긴 지 우리는 상상할 수도 없을 거야.”

“내가 에마뉘엘하고 늘 하는 이야기인데, 화학제를 사용하지 않고 경작된 건강한 포도를 사용하고, 양조 기간 중 이산화황을 사용하지 않고 만든 와인은 그 자체로 완벽한 삶을 갖는다고 확신하고 있어. 객관적인 증명을 할 수는 없지만, 이렇게 살아 있는 와인은 우리가 상상할 수 없을 정도의 생명력을 갖추고 있는 것이지.”

그렇다고 이산화황을 사용한 와인이 무조건 잘못된 와인은 아니라는 말을 꼭 하고 싶다고 덧붙였다. “이산화황을 안 넣은 와인이 요즘 왠지 트렌드가 되어 가는 느낌인데, 이산화황을 안 썼다고 해서 무조건 다 좋은 것은 절대 아니라는 걸 알아야 해. 나는 내 판단으로 이산화황을 안 쓰며 와인을 만들고 있지만, 그렇다고 해서 내 와인이 모두 완벽한 건 아니니까. 와인도 자신의 인생을 갖는 거야. 태어나고, 성장하고, 늙고… 사라지고. 우리의 인생이 그렇듯 와인도 어느 순간은 어려움을 겪게 되지. 우리가 우리의 앞날을 전혀 예측할 수 없듯이 말이야. 쥘 쇼베라는 거장조차 죽음을 앞두고 '아, 나는 와인에 대한 이해를 못 한 채 죽겠구나…'라고 말했어. 사실 나는 '알고'있거나 '이해'를 한 게 아니야. 그저 내가 겪어 온 작은 경험들이 있을 뿐…"

발효를 마친지 얼마 안 된 2017년산 프리머 와인을 함께 마시며 "이 와인은 정말 1964년을 연상시킨단 말이야…" 하고 되뇌이는 그를 보며, 나도 이 와인을 꼭 40년 이상 숙성해보고 싶다는 생각을 했다. 냉해로 80퍼센트의 작황이 날아가버려 생산량이 평년의 20퍼센트도 안 되는 희귀한 와인이라 구하기는 정말 힘들겠지만 말이다. 소박하고 진실되며 또한 확고한 신념으로 쥐라의 살아 있는 전설이 된 피에르. 그의 2017년산 와인이 40년이 지난 후 표현해낼 생명력이 무척 궁금하다.

대표 와인

사바냥 우이예 Savagnin ouillé

지역 푸피양, 쥐라
품종 사바냥

1946년에 심어진 이후 단 한번도 화학 약품을 겪지 않은 올드 바인의 포도와 6년 정도 된 영 바인의 포도가 함께 블랜딩되었지만 올드 바인 포도의 비중이 훨씬 높은 사바냥. 피에르가 쥐라 지역에서 처음으로 시도한 우이야주 덕분에 지금은 쥐라 전체에서 생산되는 사바냥 우이예지만, 우이예의 방법은 와인마다 제각각이다. 피에르는 대략 7~10일 정도 주기로 우이예를 하며, 이렇게 며칠 간의 차이를 두는 이유는 궂은 날씨에는 되도록 우이예를 피하고자 하기 때문이다. 알코올 발효 후의 숙성은 적게는 3년에서 길게는 15년 이상을 하기도 한다. 15년 이상 숙성을 한 경우에는 좀 더 작은 50cl병에 병입을 한다. 산도와 미네랄 그리고 매우 복합적인 향미까지 갖춘 멋진 화이트 와인이다.

플루사르Ploussard

지역 푸피양, 쥐라
품종 플루사르(푸피양 이외의 지역에서는 '풀사르Poulsard'라고 표기한다)

1949년부터 1993년까지 심어진 쥐라의 대표적 레드 품종인 플루사르(Ploussard)로 만들어진 맑은 빛의 레드 와인. 2020년을 기준으로 71년 된 나무의 포도부터 27년 된 나무의 포도까지 블랜딩된 것으로, 사바냥 우이예와 마찬가지로 올드 바인이 주류를 이룬다. 줄기를 제거한 포도만을 가지고 알코올 발효를 하며, 보통 1달 반 정도의 발효를 거친다. 발효 후 숙성은 짧으면 1년, 길면 1년 반 정도로 총 2번의 겨울을 넘긴 후 병입되는데, 화사한 붉은 과일 향이 넘치는, 가벼운 듯하면서도 매우 복합적인 와인이다. 타닌과 알코올 그리고 산도의 밸런스가 완벽에 가깝다.

64
FUT

피에르의 빵

피에르는 와인 생산자로도 유명하지만, 사실 그를 잘 아는 친구와 친지들한테는 그가 직접 굽는 빵으로도 유명하다. 빵 이야기를 하려면 그의 할아버지 이야기를 먼저 해야 한다. 그의 할아버지는 24헥타르 정도의 땅을 사서 길을 만들고 거기에 작은 나무로 된 집을 지었는데, 주로 마구간으로 사용되었다. 그 후 할아버지가 돌아가시자 그 땅은 여러 조각으로 나뉘어 어머니와 형제들에게 상속되었고, 나중에야 그가 전부 사들였다고 한다.

그런데 막상 땅을 사들이고 나서 여기서 뭘 할까 고민하다가 '아, 우리는 식구가 많으니까 화덕을 넣어서 일요일에는 피자를 구워 먹자'는 생각이 들었단다. 그러다 와인과 빵이 잘 어울리니 빵도 구워보자는 생각을 했고, 그러다가 빵을 굽고 나면 더울 테니 씻기 위해 샤워 시설도 만들었다고 한다. 이렇게 그때그때 필요한 것들을 설치하다 보니, 작은 나무집에는 어느새 닭장도 생기고 이제는 가끔 잠도 잘 수 있는 곳이 되었다. 생각 없이 만든 소박한 그의 집. 2002년부터 시작된 공사는 이제 다 끝났고, 그해 친구로부터 르뱅(Levain, 천연 발효 반죽)을 얻어서 지금까지 빵을 만들고 있단다. 피에르는 이 빵 굽는 나무집을 앙 쇼도(En Chodot)라고 부른다.

르뱅으로 빵을 만든다고는 하지만 사실 그는 자신의 빵에 이스트를 조금 넣는다고 귀띔을 한다. 르뱅만으로는 빵을 부풀리기가 워낙 어렵기 때문이라고. 르뱅만으로 만든 빵은 조금 겉이 타더라도 여전히 향이 좋은 반면, 이스트로 만든 빵은 자칫하면 역청이나 타르 냄새가 나기도 한단다. 이야기를 듣고 보니 참… 그가 만드는 내추럴 와인과 아주 어울리는 빵이라는 생각이 들었다. 그날 저녁은 피에르가 선물로 준 빵과 함께했는데, 확실히 향이나 질감이 일반 빵집에서 파는 빵과는 확연히 달랐다. 과연 좀 더 쫄깃하면서 구수한 향이 계속해서 기분 좋게 후각을 자극하는 듯했다. 빵을 들고 간 레스토랑에서 피에르의 빵이 왔다며 주인장까지 나와서 맛을 볼 정도였으니….

3
내추럴 와인 업계의 숨은 공로자
자크 네오포흐
Jacques Néauport

자크 네오포흐(Jacques Néauport). 내추럴 와인 업계에서 쥘 쇼베의 이름과 함께 가장 자주 언급되는 인물이지만 정작 그를 실제로 만나봤다는 사람은 거의 없고, 알려진 사진도 전무하다시피 한 은둔자 같은 존재다. 그는 쥘 쇼베의 가장 가까운 친구이자 함께 일했던 동료이며, 1980년대 초반부터 지금까지 수많은 내추럴 와이너리들의 양조를 컨설팅한 인물이다. 여전히 내추럴 와인 업계에서 활동 중임에도 불구하고 왜 이렇게 그를 만나봤다는 사람이 적은 걸까. 이는 그가 고향인 아르데슈(Ardèche)[10]의 작은 시골 마을에서 구십이 넘은 노모를 모시고 살면서, 바깥 활동을 거의 하지 않고 있기 때문이다. 몸이 불편하신 어머니와 이모를 모시고 생활하는 그는 양조 컨설팅뿐 아니라 아침부터 저녁까지 계속해서 걸려오는 여러 와인 생산자들의 전화를 받고 그들의 고충과 고민, 문제를 듣고 해결해주는 일을 한다. 전화 통화만으로 해결이 안 될 때는 여전히 현장을 오가기도 하지만, 예전에 비해 그 횟수를 현저히 줄였다고 한다.

드디어 그를 만나기로 한 어느 화창한 가을날의 오후. 내비게이션에 주소만 넣으면 그의 집까지 찾아가는 일이 그리 어렵지 않은 시대이건만, 자크는 굳이 옛날 방식대로 마을 입구까지 마중 나와 나를 기다리고 있었다.

10 프랑스 론 강의 왼편 안쪽으로 펼쳐져 있는 지역

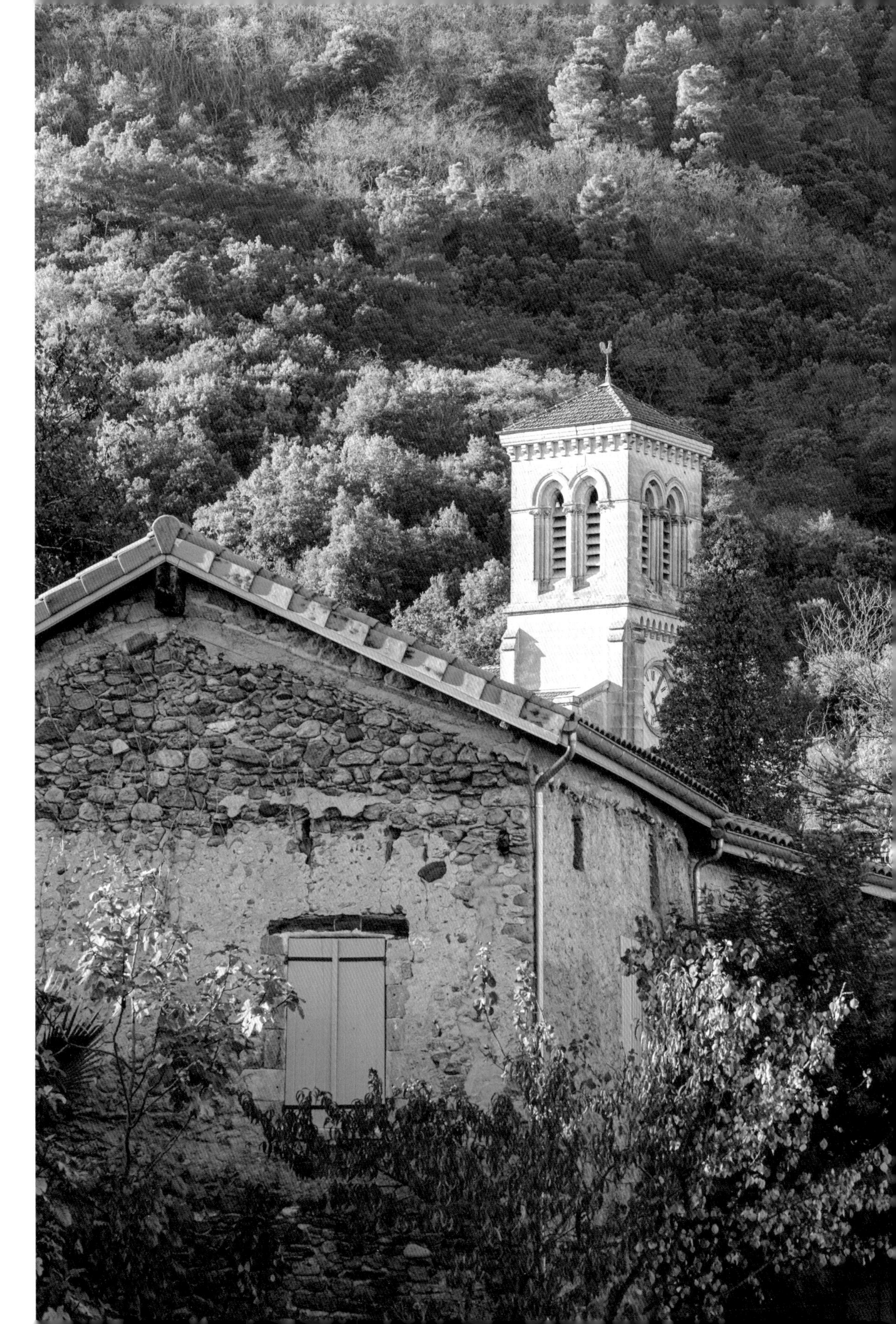

3

Jacques Néauport

그는 리옹 대학에서 영문학을 전공했다고 하는데, 어떻게 이렇게 와인 양조, 그중에서도 내추럴 와인 양조의 '미다스의 손'이 되었는지 궁금했다. 그의 가이드를 따라 만들어진 내추럴 와인은 양조 과정에서 실패가 없기로 정평이 나 있다. "사실 어렸을 때부터 나는 와인을 정말 좋아했어. 어머니 말씀으로는 3살 때부터 마셨다고 하더군. 물론 그때는 술을 마신 것이 아니라 입을 적신 정도였겠지만 말이야. 우리 할아버지와 아버지가 와인을 무척 좋아하셔서 집안에 늘 와인이 넘쳤거든. 이런 환경이다 보니 영문학을 전공하고 영국에서 몇 년 동안 프랑스어를 가르치는 동안에도 늘 와인 쪽에 더 관심이 갔지. 결국 프랑스로 돌아와서는 2년간 프랑스 전국 와이너리 투어를 했어. 와인 업계에서 본격적으로 일을 해보려고 말이야."

리옹에서 보졸레는 불과 한 시간 남짓 거리라 그는 학창 시절부터 종종 보졸레를 찾았다고 한다. 와이너리를 찾아가 시음도 하고, 포도 수확철에는 포도를 따며 용돈도 벌면서 말이다. 그러다가 와인을 양조해볼 기회가 생겼는데, 그가 처음으로 와인을 만든 곳은 1975년, 쥐라의 작은 포도 농가에서였다. "그 집주인은 수확한 포도를 협동조합에 판매하는 분이셨어. 그러다 보니 와인을 만드는데 필요한 여러 도구나 기구도 부족했고, 이산화황조차 없었지. 워낙 가난한 분이라 이산화황을 구입할 돈이 없었기 때문이겠지만 덕분에 나는 내 첫 와인을 이산화황 없이 만들 수밖에 없었어. 젊은 시절 나는 술을 엄청나게 마셔댔기 때문에 이산화황이 많이 들어간 와인을 마시면 그다음 날 숙취가 심하다는 사실을 경험상 알고는 있었지. 옳거니, 그럼 이 기회에 이산화황 없이 와인을 하나 만들어보자 싶었어. 첫 양조가 성공적이었냐는 나의 질문에 그는 이렇게 대답했다. "레드 하나, 화이트 하나를 만들었는데, 그다

지… 하하.” 거장의 첫 와인은 아무래도 성공작은 아니었던가 보다.

이산화황을 사용하지 않는 와인 양조와 관련된 모든 궁금증은 그가 쥘 쇼베를 만나면서 비로소 제대로 해소되기 시작했다고 한다. 하지만 쥘 쇼베를 처음 만났을 때는 그가 이산화황을 쓰면서 안 쓴다고 거짓말을 한다고 확신했었다고 한다. 지금은 어떻게 생각하냐고 물으니, 낭연한 듯이 “쥘이니까 가능했겠지.”라는 답이 돌아온다.

쥘 쇼베 같은 대단한 과학자와 오랫동안 뜻을 함께한 동지였지만 막상 자크 본인은 바칼로레아(한국의 대입 수능시험에 해당)에서 과학 낙제 점수를 받았었던 문학도였다. 어쩌면 이렇게나 서로 다른 점이 두 사람을 더욱 가깝게 묶어두었는지도 모른다.

1981년부터 쥘의 와이너리에서 일을 시작한 이후, 자크는 꽤 오랫동안 보졸레 지역 와이너리들이 내추럴 양조로 전향하는 것을 도왔다. 현대적 개념의 ‘양조 컨설팅’의 시발점이었던 셈이다. 자크 이전에는 이러한 직업이 존재하지 않았으니, 그는 본인 스스로 직업을 만든 셈이다.

"1975년 쥐라에서 내가 처음으로 와인을 만들던 그때, 피에르 오베르누아를 처음 만났지. 그와 계속해서 인연을 이어가다가, 내가 1981년에 쥘 밀에서 일을 시작하면서 피에르에게도 이산화황을 넣지 않은 양조 방법에 대해 계속해서 이야기를 했어. 피에르 본인이 확신을 갖기까지는 시간이 좀 걸렸지만 결국 성공을 했지. 1984년에 쥐라에서 보졸레 프리머 와인 시음회가 열렸는데, 그때 피에르는 이산화황을 쓰지 않은 상 수프르 와인을 하나 끼워 넣었어. 그 결과 아주 재미나게도 시음회에 온 모든 사람들이 그 와인을 최고라고 꼽았지. 그 자리에서 피에르는 '바로 이 와인이 상 수프르로 만들어진 거다.'라고 발표를 했어. 드라마틱한 장면이었지."

이후 자크는 보졸레 모르공 지역의 생산자 마르셀 라피에르에게도 이산화황을 쓰지 않는 양조에 대해 이야기를 해주었고, 쥘 쇼베도 소개를 해주었다. 마르셀도 와인을 많이 마시는 사람이었던지라 이산화황을 넣지 않고 만드는, 숙취가 덜한 내추럴 와인에 곧바로 관심을 보였다고 한다. "술 마신 다음 날 두통이나 갈증 없이 술을 더 많이 마실 수 있으니 얼마나 좋아. 마르셀이 '일단 우리끼리 마실 거라도 그렇게 만들자!'라고 하더라고. 하하"

"마르셀 다음에는 장 푸와야흐(Jean Foillard)와 일을 시작했고, 이어 장 폴 테브네(Jean Paul Thevene), 기 브르통(Guy Breton) 등으로 이어졌지. 특히 프티 막스(기 브르통의 예명)는 1988년부터 와인을 만들었는데 처음부터 이산화황을 전혀 사용하지 않고 기가 막힌 와인을 만들었어. 당시 셰프인 알랭 샤펠이 내게 그의 레스토랑 와인 리스트 구성을 온전히 맡겼는데, 나는 함께 일하던 생산자들의 거의 모든 내추럴 와인을 샤펠의 미슐랭 3스타 레스토랑 리스트에 올렸지. 당시 알랭의 레스토랑은 다른 유명한 셰프들이 음식을 맛보러 자주 찾아오던 곳이었어. 피에르 가니에르를 비롯해 당대의 유명 셰프들이 알랭의 누벨 퀴진을 배우고자 찾아왔지. 미셸 브라도 자주 봤어. 가끔씩 알랭은 그들에게 블라인드 테이스팅으로 내추럴 와인을 맛보게 했는데, 음식과 너무 잘 어울린다며 다들 열광을 했었지."

미슐랭 3스타 레스토랑의 오너 셰프이자 누벨 퀴진의 창시자인 거장 알랭 샤펠. 그런 그가 내추럴 와인의 초창기부터 든든한 지지자였다고 하니… 샤펠이 1989년에 사고로 일찍 세상을 떠나지 않고 좀 더 오랫동안 세상에 머물렀더라면, 내추럴 와인이 대중에게 전달되는 속도가 훨씬 빠르지 않았을까 하는 아쉬움이 들었다.

자크는 감수성 풍부한 문학도였지만, 와인을 만들면서 단 한 번도 실패하지 않았던 이유에 대해 이렇게 말했다. "난 나의 느낌을 믿어. 감각적으로 와인을 만들거든. 요리도 그렇지 않아? 자로 잰 듯이 작업하기보다는, 그때그때 재료의 상태에 맞춰 양념을 바꾸거나 조리법을 바꾸어야 더 맛있는 것처럼 말이야. 레드 와인이 특히 더 그래. 화이트 와인은 감각이나 느낌이 필요 없이 규칙대로만 해도 되지만, 레드는 더 많은 상상력과 느낌이 필요하지." 화이트 와인은 포도 수확 후 곧바로 즙을 짜서 발효를 하지만(물론 레드 와인처럼 껍질 침용을 거친 스타일의 화이트 와인도 존재한다), 레드는 포도를 줄기째 모두 사용하는 경우가 많아서 그에 따른 변수가 더 많기 때문이다.

자크는 이에 대해 도멘 장-루이 샤브(Domaine Jean-Louis Chave)를 예로 들었다. "장 루이는 감각적 양조보다 확실한 양조를 선호해. 그래서 난 그의 화이트 와인 양조에만 조언을 해주었지. 나의 레드 스타일은 그와는 안 맞거든." 그럼 레드 와인을 감각적이면서 열린 마음으로 만드는 사람은 누구냐고 물었다. "누구냐고? 장-루이의 아버지인 제라르(Gérard)지! 하하." 자크는 제라르 샤브의 에르미타주 레드를 참 많이 좋아했다고 한다.

화이트 와인과 레드 와인 이야기를 하다가, 다시 이산화황 문제로 대화가 이어졌다. 자크

자크가 양조 컨설팅한 와인들

의 어머니는 화이트 와인을 마시고 나면 토하고 머리가 아픈 증상이 심해서 언제나 레드 와인만 마셨는데, 이는 화이트 와인의 이산화황 함량이 일반적으로 레드 와인보다 높기 때문이다. 그의 어머니가 자크가 만든 화이트 와인은 문제없이 마시는 것에서도 알 수 있다. 하지만 자크는 "사실 현대 양조의 큰 문제는 이산화황 사용보다도 포도 재배 시 사용되는 살충제, 제초제 등 화학 약제들이야. 물론 이산화황도 과하면 안 되지만…"이라며 포도밭이 화학 약품으로 오염되는 것을 가장 염려했다.

더불어 그는 다시금 테루아의 중요성에 대해서도 강조를 했다. "서로 다른 테루아에서 재배된 포도로 만든 와인은 당연히 서로 다른 스타일의 와인이 나와야 하는 거야. 내추럴 와인은 다 거기서 거기, 비슷한 스타일이라는 말들을 하지? 그건 제대로 만들지 않은 와인을 마셨기 때문이야. 좋은 레드 와인에는 반드시 '느낌(feeling)'이 필요하고. 그 고유한 느낌으로 테루아를 살려 와인을 만드는데 어떻게 다 같은 와인이 나올 수가 있겠어. 와인을 그저 교과서처럼 만들었다면 모를까." 무엇보다 과학적인 요소가 중요하게 여겨지는 양조라는 분야에서 이 문학도는 '느낌'이 필수 불가결한 요소라고 한다. 양조를 직접 해 본 적이 없는 나로서는 솔직히 알 것도 같고 모를 것도 같다.

와인에 영향을 미치는 요소로 가장 중요한 것이 테루아라면 그다음은 빈티지다. 예를 들어 한 와이너리에 그가 10년 연속 컨설팅을 했다면, 그동안 만들어진 10가지 빈티지의 와인들이 모두 다른 캐릭터를 갖는 것이 정상이라는 것이다. 해가 바뀌어도 늘 같은 맛을 내는 와인들이 즐비한 시장에 익숙해진 일반 소비자들에게는 매우 어려운 이야기가 될 수 있을 거란 생각이 든다.

인터뷰 중에 그가 마시자며 내놓은 보졸레 와인은 최근 몇 년 동안 그가 양조 조언을 해주고 있는 쥘리앙 베르트랑(Julien Bertran)의 와인이었다. 넘치는 과일 향과 부드러운 목 넘김이 아주 훌륭했다. "초창기에 내가 와인 양조 컨설팅을 시작했을 무렵에는, 대부분의 와인 생산자들은 전체 생산량이 아닌 일부 소량만을 내추럴 양조로 전향하기를 원했지. 왜냐하면 대부분의 와인 생산자들이 평소 와인을 아주 많이 마시는 사람들이니 일단 본인들이 마시려고 양조를 한 거야. 다들 그렇게 많이 마시고도 다음날 멀쩡하게 일하려는 속셈이었다니까. 하하." 재미난 일화였지만, 분명하게 이해가 되는 대목이다. 시장에서 그 와인이 어떻게 받아들여질지 불확실하기 때문에 전체를 내추럴 와인으로 생산하지는 못하지만, 적어도 자신이 마실 와인만큼은 내추럴로 만들겠다는 거였으니까.

쥘리앙 베르트랑의 두 번째 와인을 따르며 그가 다시 덧붙였다. "이 와인을 만들던 과정에서 살짝 확신이 서지 않는 부분이 있었어. 그럴 경우, 와인의 보관에 대한 걱정도 생기거든. 그래서 병입 후 몇 달 동안 와인 보관을 하기에 최악인 장소에 보관을 하다가 지금 꺼내온 것인데, 한번 맛을 보자고." 즉 일부러 낮과 밤의 온도 차가 심하고, 건조한 곳에 와인을 보관해 두었단다. 그는 병입된 와인의 상태가 조금이라도 약하다고 느끼면 바로 이런 실험을 해본다고 한다. 그런데 우려와 달리 와인의 상태는 매우 훌륭했다! "음 괜찮네, 다행히 내 걱정이 기우였어." 잔 속의 와인을 이리저리 살피고 향을 맡으며 그가 안심한 듯 덧붙였다.

한번은 이산화황을 넣지 않은 1983년산 와인을 그가 1986년에 우슈아이아(아르헨티나 최남단 지역)까지 가지고 여행을 한 적이 있었다. 꼬박 3주간 자동차, 버스, 비행기, 기차 등을 거치며 온갖 역경을 겪은 그 와인은 놀랍게도 오픈했을 때 매우 좋은 상태였다고 한다. "사실 나 자신도 이산화황을 넣지 않은 와인의 장기 보관이나 긴 여행 가능성에 의문이 있었거든. 게다가 이산화황을 넣지 않고 와인을 만든다고 하면 사람들은 사기꾼이나 미친 사람 취급을 하니 말이야. 그래서 결국 이런 희한한 실험까지 하게 된 거였지. 물론 이 희한하고 미친 실험을 한 이후, 난 완전히 내추럴 와인을 확신하게 되었어."

그가 양조 컨설팅을 하거나 친구로서 혹은 그저 방문객으로서, 그동안 자크가 만나고 와인에 대한 고민을 나눴던 사람들과의 이야기가 좀 더 궁금해졌다. 그가 관여를 했던 도멘들에 대해 알고 싶다고 이야기를 던졌다.

"화이트 와인은 감각이나 느낌이 필요 없이
규칙대로만 해도 되지만,
레드는 더 많은 상상력과 느낌이 필요하지."

다르 & 히보와 자크는 1981년 본에서 와인양조학교를 다니면서 만났다고 한다. "르네-장(Rene-Jean Dard)은 우리 부모님 댁에도 자주 놀러 왔었지. 와인에 대한 이야기도 많이 나누고, 술도 함께 많이 마셨어. 처음에 그는 지금처럼 까다롭게 와인을 만들지 않았어. 와인은 술의 신인 바쿠스가 만드는 거라며, 그저 좋은 포도를 통에 넣어 발효시키면 되는 거라고 했지." 고집불통인 것 같지만 반면에 아주 인간적이기도 한 르네-장이 했을 법한 이야기였다. "내가 쥘 쇼베와 함께 현미경으로 와인 속 미생물을 관찰하며 이야기하는 모습을 보더니 르네-장이 그러더군. '당신들, 쓸데없는 데 시간 허비하고 있는 거예요. 아, 와인은 바쿠스가 만드는 거라니까!'" 어쩌면 르네-장의 이런 허술한 듯 자유로운 감성이 아까 자크가 말한 그만의 '필링'이 아닐까. 까다로운 그의 양조 방식에 자신만의 감각이 멋지게 더해졌으니, 그의 와인들이 현재 구하기 어려운 유명한 와인이 된 것도 당연하다.

양조 가이드 혹은 컨설팅이라고는 해도 결국은 사람과 사람이 만나서 하는 일이니, 쉽지 않았던 과정도 많았을 것 같았다. "힘든 일도 많았지… 생산자와 뜻이 안 맞을 때도 있었고, 유명해진 다음에 그 모든 것이 본인이 잘해서 이루어진 거라고 생각하는 사람도 있었고. 양조 과정에서 내가 도움을 주었다는 것을 다른 사람들이 굳이 알아야 할 필요는 없지만, 그래도 고마워하는 마음은 있어야 하지 않나… 그것조차 없는 사람들이 많았어. 그래서 한때는 보졸레를 떠나려고, 그리고 내추럴 양조에 더 이상 관여를 안 하려고 한 적도 있었지. 그때 나를 붙잡아준 사람이 누벨 퀴진의 선구자인 알랭 샤펠이었어. 그가 용기를 준 덕분에 나는 오늘까지 계속해서 일을 할 수 있었지." 문득 내가 2017년 봄부터 한국에서 개최하고 있는 내추럴 와인 행사인 '살롱 오' 첫 회에, 놀랍게도 셰프들의 참가가 꽤 많았던 것이 생각났다. 자연스러운 제철 식재료를 사용하는 셰프들은 당연히 내추럴 와인에 관심이 많을 것이다. 알랭 샤펠처럼.

그는 앙셀므 셀로스(샴페인 자크 셀로스의 현 오너 와인 생산자)와의 일화도 들려주었다. "앙셀므를 처음 만난 건 1982년 본의 양조학교에 다닐 때였어. 우리는 당장에 의기투합을 할 정도로 성격이 잘 맞았지. 당시 상파뉴에서는 각 마을마다 돌아가면서 테이스팅 겸 판매 행사를 했었는데, 그때 샴페인 자크 셀로스가 가장 저렴한 샴페인 도멘 중 하나였다면 믿을 수 있겠어? 하하." 강산이 바뀌어도 정말 기가 막히게 바뀐 셈이다. 현재 샴페인 자크 셀로스 와인의 가치는 빈티지 및 퀴베마다 다르긴 하지만 1,000달러가 훌쩍 넘어가는 것들도 있으니 말이다.

앙셀므는 자크가 양조를 하는 보졸레 모르공 지역을 자주 방문했고, 자연스럽게 이산화황을 쓰지 않는 양조에 대해서도 습득을 하게 되었다. 곧바로 자크는 앙셀므에게 알랭 샤펠의 레스토랑에 납품할 이산화황을 쓰지 않은 스페셜 퀴베를 제안했고, 와인이 생산되자 곧바로 샤펠의 레스토랑 와인 목록에 올랐다고 한다. 아이러니한 것은 자크는 이제 더 이상 앙셀므의 샴페인을 못 마시게 되었다는 것. 이제는 너무 비싸져서 살 수가 없다고 한다.

"서로 다른 테루아에서 재배된 포도로 만든 와인은
당연히 서로 다른 스타일의 와인이 나와야 하는 거야."

앙셀므는 아버지로부터 물려받은 와이너리를 새로운 비전으로 훌륭하게 발전시킨 경우인데, 혹시 그 반대의 경우도 있지 않을까? 자크가 생각하기에 선친보다 아쉬운 결과를 내는 경우가 있는지 물었다. 그는 꽤 오랫동안 주저하더니, 여전히 유명하고 위대한 도멘이라서 이야기하기가 아주 조심스럽다며 샤토 하야스(Château Rayas) 이야기를 꺼냈다. "지금은 이미 세상에 없는 자크 레노(Jacques Renaud, 샤토 하야스의 현 오너인 에마뉘엘 레노의 삼촌이자 이전 오너)와 매우 친했는데, 어느 날 나에게 도멘 데 투흐(Domaine des Tours)를 만들고 있는 조카 에마뉘엘(Emmanuel)을 찾아가 그의 와인을 테이스팅해보고 그가 과연 하야스를 물려받을 자격이 있는지 평가해달라는 부탁을 했어." 사실 자크는 이 대화를 계속하는 것을 상당히 망설여했다. 현존하는 최고의 도멘 중 하나인 샤토 하야스에 대한 평가를 하는 것이 부담스러웠기 때문이리라. 어쨌거나 그는 작고한 친구 자크에게 에마뉘엘은 아직 젊고 배울 시간이 충분하니 한번 맡겨보면 어떻겠냐는 조언을 했다고 한다. 다만 그의 마음속에는 '에마뉘엘은 아마 당신만큼 훌륭한 와인은 못 만들 것 같다…'는 생각이 있었다고.

"자크 레노와는 늘 많은 이야기를 나누었거든. 샤토 하야스 와인 중 수준이 못 미치는 와인은 피냥(Pignan)으로 등급을 낮춰서 병입을 하는데, 그걸 결정할 때 그는 늘 나에게 조언을 구했어. 자크 레노의 와인은 언제나 극소량이었지만 최고의 포도만으로 생산되었어. 반면 에마뉘엘이 하야스를 맡은 이후로는… 수확량 자체가 곧바로 2배 혹은 3배가 되었지."

자크 레노가 세상을 떠난 후 그가 다시 한번 도멘을 찾은 일이 있었단다. 하지만 2시간 동안 테이스팅을 하면서 그는 단 한 마디의 평가도 할 수 없었고, 그 이후 다시는 하야스를 찾은 적이 없다고 한다. 게다가 하야스의 와인은 이미 상상을 할 수 없을 정도로 비싸져서 더 이상 마실 수 있는 방법도 없다고 했다.

"정말 행복한 순간은 별 볼일 없이 하찮은 테루아에서
온갖 정성을 다해 만든 좋은 와인을 만나고,
그것을 잔에 담아 마주했을 때지."

우리의 대화는 어느새 테루아의 중요성으로 넘어가고 있었다. "내가 와인을 경험할 때 가장 화가 나는 순간은 샤토 하야스처럼 어마어마하게 위대한 테루아가 그저 그런 와인으로 완성되어 잔에 담긴 것을 마주했을 때야. 그에 반해 정말 행복한 순간은 별 볼일 없이 하찮은 테루아에서 온갖 정성을 다해 만든 좋은 와인을 만나고, 그것을 잔에 담아 마주했을 때지." 얼마나 멋지고, 얼마나 정확한 표현인가. 진정한 행복은 잘 알려지지 않은, 그저 그렇다고 평가되는 테루아에서 만들어진 멋진 와인을 마셨을 때이지, 샹베르탱(Chambertin)처럼 유명하고 비싼 테루아에서 만든 그렇고 그런 와인을 만났을 때가 아니라는 것이다.

그는 또한 앙리 자이에(Henri Jayer)와도 아주 좋은 친구였다고 한다. "앙리는 그의 양조에 관한 모든 비법을 아낌없이 내게 전수해주었지." 그가 전수 받았던 비법이 무엇이냐고 물으니 '느낌'과 '엄격함'이란 대답이 돌아온다. 느낌이라니…. 지금껏 자크가 내게 이야기하며 강조한 그 '느낌' 말이다. "자이에의 포도밭은 서로 다른 여러 개의 테루아로 이루어져 있었는데, 그는 각각의 테루아를 와인에 정말 반영을 잘했어." 자이에의 와인도 이산화황을 넣지 않

아르데슈 지역의 다양한 염소젖 치즈

고 만들어졌는지 궁금했다. "그는 수티라쥬(Soutirage, 영어로는 렉킹recking)[11] 시에만 살짝 이산화황을 넣었는데, 산화에 대한 두려움 때문이었지. 하지만 단지 그때뿐이었어. 앙리는 이산화황을 상당히 조심스럽게 사용했거든."

"대부분의 유명 부르고뉴 와이너리도 다 그렇게 와인을 만들었어. 도멘 드 라 로마네 콩티도 그 시절엔 그랬고. 지금은 안 간지 너무 오래돼서 잘 모르겠지만 말이야. 로마네 콩티의 1980년대 수석 양조책임자였던 노블레(Noblet)[12]와 처음 만나던 날, 그는 나의 시음 능력을 테이스팅하더라고. 와인을 이것저것 내오면서 내가 느끼고 생각하는 바를 계속 물었지. 그러다 대답이 마음에 들었는지, 에세조, 그랑 에세조를 거쳐 결국 로마네 콩티까지 몇 병을 열었지. 하하. 당시 로마네 콩티의 몇 가지 빈티지를 시음했는데, 나중에는 1971년까지 내려갔다니까!" 정성을 들여 와인을 만든 사람은 그 와인을 제대로 이해하고 마시는 사람을 만나면 자신의 와인을 따는 데 관대해지기 마련이다. 그런 사람을 만나면, 한없이 병을 오픈하는 것이 그들의 정서인 것이다. 그런 면에서 자크는 평생 엄청나게 좋은 와인들을 마셨을 것이다.

자크의 이야기는 안-클로드 르플레브(Anne-Claude Leflaive)[13]와의 일화로 이어졌다. "내가 쓴 책을 읽은 그녀가 출판사를 통해 연락을 해왔는데, 그때는 내가 어머니 간병 문제로 시간이 없어서 못 만났어. 두 번째로 만나자는 편지를 받았을 때도 역시 성사되지 못했지. 그녀는 마치 내가 상 수프르 와인에 대한 교과서 같은 레시피를 갖고 있다고 생각하는 듯하더라고. 하지만 그럴 리가 없잖아. 양조의 상황에 따라 항상 다른 대처를 해야 하고, 그 기준은 언제나 자신의 느낌이어야 하거든. 와인은 숙성되는 각 오크통마다 다 다르게 발전을 해. 시작은 같아도 끝은 다 다르지. 그래서 오크통마다 발생하는 문제나 상황에 각자 다르게 대응해야 해." 이러니 어떻게 딱 떨어지는 양조 교과서가 있을 수 있겠는가. 양조의 무수한 사례를 모아서 집대성은 할 수 있겠지만 하나의 법칙을 만드는 일은 불가능한 것이다. 따라서 내추럴 와인을 만드는 사람들이 기업형 양조를 할 수도, 해서도 안 되는 이유가 바로 여기에 있는 것이다.

11 와인 숙성 과정에서 오크통을 바꿔 주는 과정으로 오크통 내에 쌓인 리(Lie)를 제거해 주는 작업

12 최근 로마네 콩티의 양조책임자 자리에서 은퇴한 베르나르 노블레(Bernard Noblet)의 아버지. 2대가 로마네 콩티의 양조를 책임졌다.

13 도멘 르플레브의 오너로 2015년 작고했다.

자크는 미셸 롤랑(Michel Rolland)[14]보다 훨씬 더 많은 양조 컨설팅을 했음이 분명하고 그가 만들어낸 스타 와인 생산자도 꽤 있으련만, 그는 그 이름들을 밝히기를 주저했다. 그저 뒤에서 묵묵히 돕는 것이 자신의 역할이라는 것이다. 그러면서 하나의 이야기를 더 들려주었다. "꽤 오래전 일이긴 한데, 부르고뉴 본에서 로버트 파커와 함께하는 테이스팅이 있었어. 부르고뉴의 유명한 와인 생산자들은 거의 다 모인 자리였지. 나는 그저 궁금해서 행사를 지켜보고자 갔던 것인데, 멀리서 나를 알아본 오베르 드 빌렌(Aubert de Villain, 로마네 콩티의 오너)이 한달음에 달려와서 반갑게 인사를 하더라고. 예전에야 친했지만, 안 만나지 꽤 오래 된 사이인데도 우리는 반갑게 인사를 했어." 유명해진 뒤에는 안부를 묻기는커녕 인사조차 하지 않는 내추럴 와인 생산자들이 있는 반면, 이렇게 거장이면서 진솔한 사람도 있다고 말하는 그의 모습은 테라스에서 와인 잔을 기울이고 있는 우리 주위로 떨어지는 낙엽 때문인지 조금은 쓸쓸해 보였다….

세 번에 걸쳐서 그를 만나고 이야기를 나누면서 내가 느낀 자크는, 칠순이 넘은 나이에 구순이 훌쩍 넘은 어머니를 정성껏 보살피면서도 그를 필요로 하는 젊은 와인 생산자들이 있다면 그의 남은 시간을 기꺼이 할애해주고, 그러면서도 자신을 찾아오는 나 같은 사람들한테도 정성을 다하는, 이른바 진정한 나눔을 실천하는 사람이었다. 오래전에 비뚤어져버린 듯한 안경 너머로 여전히 형형한 눈빛을 발하는 그는 분명 남다른 능력을 타고난 대단한 사람임이 분명했다. 하지만 그는 다시 한번 겸손하게 말한다. 자신은 그저, "천재(쥘 쇼베)를 만나고 그를 내 인생에서 가까이 둘 수 있었기 때문에 이 모든 것이 가능했다"고 말이다.

14 보르도의 유명한 양조학자이자 양조 컨설턴트로, 보르도 뿐 아니라 북미와 남미의 수많은 양조장에 컨설팅을 해주고 그들의 와인 값을 올리는데 많은 기여를 했다.

4
보졸레 내추럴 와인의 아버지
마르셀 라피에르
Marcel Lapierre

작고한 마르셀의 미망인
마리 라피에르(Marie Lapierre)와의 인터뷰

지난 2010년 10월, 만 60세의 나이로 유명을 달리하기까지 내추럴 와인 업계에 한 획을 그으며 불꽃처럼 살다 간 마르셀 라피에르(Marcel Lapierre). 그는 쥘 쇼베의 조언을 받아 1980년대 초부터 이산화황을 넣지 않고 양조를 시작한 내추럴 와인의 선구자이며, 자연에 대한 끊임없는 성찰을 바탕으로 천연 효모의 중요성과 포도나무에 대한 존중을 기초로 한 경작법을 다른 생산자들에게 적극적으로 알렸던 인물이다. 그의 와인 중 보졸레 크뤼[15] 등급인 모르공(Morgon)은 명실공히 보졸레 내추럴 와인의 상징이라고 부를 수 있을 만큼 많은 사람들에게 사랑을 받았다. 현재는 그의 뒤를 이어 첫째인 아들 마튜(Mathieu)와 둘째인 딸 카미유(Camille)가 아버지에게 받은 가르침을 바탕으로 도멘을 이끌고 있다.

화려한 색채의 꽃들이 만발한 정원을 지나, 백 년이 훨씬 넘은 석조 건물 내부를 아늑하게 개조한 작고 아름다운 집에서 피에르의 미망인인 마리 마르셀을 만났다. 고운 미모를 따사로운 미소와 함께 간직하고 있는 그녀는, 2010년에 작고했지만 여전히 사랑하는 그녀의 남편에 대한 이야기를 때로는 담담하게 때로는 열정을 담아 털어놓았다.

15 보졸레 지역에서는 와인의 양조 방식과 등급에 따라 '보졸레', '보졸레 빌라쥬', '보졸레 크뤼'로 나눈다.

4
Marcel Lapierre

"1980년 마르셀이 이산화황을 넣지 않은 와인을 만들기로 결정한 바로 그 해에, 나와 마르셀은 운명적으로 만났어요."

마르셀의 집안은 조부 때부터 와인을 만들었는데, 당시에는 포도밭이나 양조 과정에 사용하는 화학 약품이 없었다. 그의 아버지가 양조를 하던 시절, 처음으로 제초제 등의 제품이 소개되었지만 마르셀의 아버지는 화학 약품 사용을 거부하고, 포도밭 경작 역시 기계를 사용하지 않고 말을 이용했다고 한다. 사실 이는 기계를 구매할 경제적 여력이 없었던 현실적인 이유 탓이기도 했다.

"1973년에 마르셀의 아버지가 돌아가셨을 때 마르셀은 23살의 젊은 나이였어요. 아버지가 일 년 내내 힘든 노동을 하는 것을 봐왔던 그는 젊음을 온통 힘든 노동에 바치고 싶지 않았죠. 그는 양조학교에서 배운 제초제 등의 화학 약품을 사용하여 밭일의 노동 강도를 확연히 줄이고, 양조 과정에도 각종 첨가제를 사용하기 시작했어요. 하지만 그로부터 5년이 흐른 후, 아버지로부터 물려받아 지하 와인저장고에 가득했던 와인은 모두가 행복하고 즐겁게 마실 수 있었던 반면 그가 만든 와인은 도저히 마실 수 없음을 깨닫게 되었죠. 자신도 모르게 아버지의 와인에만 손이 갔던 거예요. 정작 본인이 만든 와인은 마실 수가 없었고요."

그때가 1978년. 그는 아버지와 할아버지가 옳았음을 뒤늦게 깨닫게 되었지만, 이미 아버지가 포도밭 경작에 이용하던 말은 팔아버린 지 오래였고, 낡은 트랙터만이 남아 있었다. 포도밭을 다시 자연 그대로의 상태로 되돌리기에 그는 너무 젊어 경험이 부족했던 탓에, 우선

양조부터 내추럴하게 시작하기로 결심한다. 하지만 결과는 대실패. 단 하나의 퀴베만 남기고 나머지는 모두 버려야 했다. 원재료(포도)가 내추럴하지 않은데 어떻게 성공적으로 내추럴 와인을 양조할 수 있겠는가. "그래도 마르셀은 포기하지 않았어요. 오히려 '그래, 퀴베 하나라도 성공한 게 어디야, 더 열심히 해 봐야지!' 하면서 힘을 내는 것 같았죠. 그리고 다시 포도밭 경작부터 내추럴로, 즉 아버지가 하시던 방법대로 돌려놓는 것에 힘을 기울이기 시작했어요. 화학 비료와 제초제 사용을 곧바로 중단했고, 쟁기질을 다시 시작했어요."

당시 쥘 쇼베의 와이너리가 그리 멀지 않은 곳에 있지 않았나요? 라는 나의 질문에, "맞아요. 10킬로미터도 채 떨어져 있지 않았어요. 우리에게 쥘 쇼베를 만난 일은 정말 대단한 사건이었죠."라며 쥘과의 사연을 풀어 놓기 시작했다. "이곳에서 멀지 않은 마을에 쥘의 와이너리가 있었는데, 그가 세계적인 명성의 과학자라는 사실을 알고 있는 사람들은 많지 않았어요. 쥘은 대단한 귀족 가문 출신이었지만, 겉으로는 이를 전혀 드러내지 않았고 뛰어난 지식을 겸손한 방법으로 전달하는 분이었죠. 그는 과학자이면서 연구자, 그리고 양조가였어요. 마르셀은 1980년 말경에 쥘을 처음 만났고, 이후 쥘의 도움으로 이산화황을 쓰지 않은 양조를 본격적으로 시작하게 됐어요."

"쥘 쇼베는 그의 와인을 시음해 보겠다고 찾아오는 사람들을 절대 거절하는 법이 없었어요. 다만 그만의 규칙이 있었고 누구든 이를 따라야만 했죠. 예를 들어 그는 오전 10~11시 사이에만 와인 테이스팅을 해요. 식사 후의 테이스팅은 와인의 맛을 제대로 인식하기가 어렵다는 이유였죠. 오후에 갈 수 있다고 하면, 방문을 거절하지는 않고 그럼 와서 차를 마시자고 하는 분이었어요. 어쨌거나 쥘을 처음 만나고 온 날, 마르셀이 저에게 한 말과 그의 표정을 지금도 잊을 수가 없어요. '마리, 세상에 내가 쥘 쇼베를 만났어! 어찌나 떨었던지… 마치 초등학생이 그의 우상을 만나서 떨리는 것처럼 말이야!' 하면서 온종일 그 이야기만 하더군요. 하하."

그 인연을 시작으로 쥘은 해마다 마르셀의 와인을 테이스팅하고 평가 및 조언을 해주었는데, 한번은 마르셀이 평생 기억할 만한 사건이 일어났다고 한다. "쥘은 늘 '음… 괜찮긴 한데…' 하면서 우리에게 뭔가 수정해야 할 부분을 알려주곤 했어요. 그러던 어느 날 마르셀이 갓 병입한 1984년산 와인을 들고 쥘을 만나러 다녀왔죠. 그날 집에 들어오자마자 마르셀은 흥분한 목소리로 '마리! 오늘은 좋은 와인 한 병을 따자고! 쥘이 말이지, '음… 좋구먼. 내가 만들고 싶은 스타일의 와인이 바로 이거야'라고 했어!' 마르셀은 그 이후로도 1984년에 대한 자부심이 대단했어요. 엄청난 빈티지도 아니었지만, 쥘의 그 한마디가 마르셀한테 큰 용기를 준 거죠."

내추럴 와인 선구자들의 첫 시작을 들어보면, 대부분의 이야기가 쥘 쇼베와 관련이 있을 만큼 내추럴 와인 업계에서 쇼베의 역할은 대단했다. 그는 이산화황을 넣지 않은 양조를 처음 주창한 사람이기도 하지만, 땅의 역할 즉 테루아의 중요성을 가장 먼저 인식한 과학자이자 양조가이기도 했다. 마리의 이야기는 계속되었다. "당시 이곳 보졸레는 거의 모든 사람들이 제초제를 사용해서 간편하게 포도나무를 키웠고, 트랙터를 사용했으며, 양조 시에는 배양 효모를 잔뜩 넣고 쉽게 발효를 하고 있었죠. 그러니 갑자기 옛날 방식으로 포도밭을 경작하고, 천연 효모만을 써서 이산화황을 최대한 배제하는 방식으로 양조를 하겠다는 마르셀은 완벽한 이단아였어요. 다들 대놓고 조롱을 하거나 아니면 뒤에서 험담을 했죠. 하지만 마르

마리 라피에르가 장-클로드 샤뉘데(Jean-Claude Chanudet)와
공동 출자를 통해 만든 와인

“그는 뭔가를 결정하면 그것만을 향해 직진하는 사람이라,
남들이 뭐라고 하든 토양을 살려서 그 테루아가
그대로 표현된 와인을 만드는 데 심혈을 기울였어요.”

셀은 별로 신경을 안 쓰더라고요. 그는 뭔가를 결정하면 그것만을 향해 직진하는 사람이라, 남들이 뭐라고 하든 토양을 살려서 그 테루아가 그대로 표현된 와인을 만드는 데 심혈을 기울였어요. 그리고 쥘 쇼베는 그런 마르셀의 완벽한 조력자였죠.”

“쥘은 우선 땅부터 살려 놓는 것이 중요하다고 조언을 해줬어요. 우선은 되살아난 땅에서 나오는 건강한 포도를 가지고 이산화황 용량을 합리적인 선으로 줄여서 양조해보라고 권했죠. 그는 이런 예를 들었어요. ‘마르셀 당신이 시장에서 실수로 상한 채소를 샀다 칩시다. 당신은 그 상한 채소로 음식을 만들 건가요? 아니죠. 상한 채소는 아깝지만 버리고 싱싱한 채소로 음식을 만들죠? 와인 역시 마찬가지예요. 건강하고 싱싱한 포도로 만들어야 합니다.’ 간단하고 명료한 메시지였죠.”

하지만 자연이 우리에게 늘 좋은 환경만을 선사하는 것은 아니다. 아무리 노력을 기울여도 상한 포도는 나오기 마련이고, 때로는 건강한 포도가 거의 나오지 않기도 한다. 이럴 때는 일일이 상한 포도를 골라낸 다음 양조를 해야 하는 수고로움이 더해진다. 그러다가 불가피하게 와인에 들어가는 이산화황 용량이 늘어나기도 하고 말이다.

“마르셀은 땅을 살리고, 포도를 골라내는 일을 계속하면서 자연스럽게 이산화황 용량을 줄이는 법을 배워갔죠. 그사이에 실패한 와인도 많았답니다. 조금이라도 마음에 안 드는 와인이 나오면 그는 그 와인을 절대로 시장에 내놓지 않았어요. 버리거나 혹은 가족들이 마셨죠. 마르셀이 생각한 고객에 대한 최소한의 예의였어요.”

그럼 그가 처음으로 와인 양조에 이산화황을 전혀 쓰지 않은 해는 언제쯤이었을까. “1985

년이었을 거예요. 하지만 마르셀은 그가 만드는 모든 와인에 이산화황을 넣지 않은 것은 아니었어요. 물론 그가 양조하는 모든 와인은 이산화황 없이 만들어지지만, 병입 시 극소량을 넣기도 했어요. 소비자들이 원할 때도 있었고, 혹은 집에 오랫동안 와인을 보관할 만한 적정 온도와 습도를 갖춘 카브가 없는 고객들을 위해서도 살짝 넣었죠."

"저희에게 생각지도 않았던 선물은, 알고 보니 마르셀의 와인처럼 내추럴한 와인들을 찾아다니는 사람들이 꽤 있었다는 거였어요. 누벨 퀴진의 거장 알랭 샤펠을 비롯해 티에리 포쉐(Thierry Faucher)[16], 이브 캄드보흐드(Yves Camdeborde)[17] 등 유명 셰프들이 좋은 식재료를 사용해 음식을 만들다 보니, 같은 맥락의 와인을 찾고 있었던 거죠. 알랭은 마르셀에게 늘 용기를 줬어요. '마르셀, 너의 와인이 바로 미래의 와인이고 넌 선구자야. 계속 그 길로 정진을 해봐.' 미슐랭 3스타 레스토랑 셰프의 진심 어린 칭찬과 격려는 그에게 정말 큰 힘이 되었죠. 지금이야 미슐랭 레스토랑에서도 점점 내추럴 와인의 비중이 늘어나고 있지만, 그때는 프랑스를 통틀어 몇 곳 안 되었으니까요." 알렝 샤펠을 비롯, 미슐랭 스타 셰프이면서 90년대에 이미 내추럴 와인의 진가를 알아본 그들 역시 1세대 내추럴 와인 생산자들만큼 선구자들이었던 셈이다.

과거에는 내추럴 와인을 만드는 사람도 한정되어 있고, 소비자도 한정적이었으니 별다른 마케팅이 필요 없었을 것도 같은데 마리에게 당시 어떤 방식으로 마케팅을 했는지 물었다. "마르셀과 내가 처음으로 와인 살롱(시음회)에 나갔던 것이 1985년이었어요. 그전까지는 선대부터 이어져 온 고객들한테만 와인을 팔았지만 이제는 좀 더 영업에 적극적으로 나서기로 한 거죠. 그 첫 시도가 모나코의 알랭 뒤카스 레스토랑의 소믈리에가 주최하는 '프랑스 50대 와이너리 테이스팅'이었어요. 흠… 이름부터 우리랑 안 어울리지 않나요? 하하. 마르셀이 그러더군요 '마리, 일단 가보자. 만약 거기 있는 다른 사람들하고 어울리기 힘들면 우리는 니스로 놀러 가는 거야!' 일단 가보자는 거였죠."

16 브리스톨(Bristol), 타이유방(Taillevent), 크리용(Crillon) 등 유명 레스토랑을 거쳐, 1994년 파리에 로스 아 므왈(L'Os à Moelle)을 열고, 신선한 재료를 사용한 음식과 내추럴 와인을 페어링했다.

17 티에리 포쉐를 사사한 그는 파리에 라방 콩투아르(L'Avant-Comptoir)와 라방 콩투아르 드 메흐(L'Avant-Comptoir de Mer)를 열어 간단한 타파스 스타일의 음식과 내추럴 와인을 페어링했다.

"우리는 우리가 늘 하던 대로, 와이너리를 찾는 손님들한테 내놓던 보졸레 지역 치즈와 각종 햄을 챙겨갔어요. 프랑스의 50대 와이너리에 속한 다른 쟁쟁한 와인 생산자들이 보기에 우리가 얼마나 재미있었을지 상상해보세요. 시골의 농부 둘이 치즈와 햄을 갖고 와서 나누어 먹는다는 소문이 금방 퍼졌죠. 그동안 이런 시음회에서 볼 수 없었던 진풍경이었을 테니까요. 행사장에는 정말 유명한 와이너리가 가득했는데, 제라르 샤브(Gérard Chave, 장-루이 샤브의 아버지), 콜레트 팔레흐(Colette Faller, 도멘 바인바흐Domaine Weinbach의 작고한 오너)는 우리 부스를 찾아와서 정말 고맙다며 자기들한테는 쉼터 같은 곳이라고 했어요. 그렇죠, 그들에게도 그 긴장된 분위기가 편했을 리 없었죠."

내가 프랑스를 비롯해 유럽의 다양한 내추럴 와인 살롱을 본격적으로 다니기 시작한 것이 2014년 초반부터였는데, 과거 10년 넘게 다니던 컨벤셔널 와인 시음회의 분위기와 너무나 달라서 무척 당황했던 기억이 떠올랐다. 물론 내추럴 와인 살롱만의 그 자유로운 분위기와 편안함에 금세 매료되었지만 말이다. 말쑥한 정장이 아닌 밭에서 일하다가 그대로 나온 듯한 복장, 간혹 보이는 레게머리의 와인 생산자들, 뿐만 아니라 생산자들 중에는 점심을 가지고 와서 시음회를 찾는 사람들에게 무료로 제공하는 사람들도 있었다. 직접 만든 편안한 가정식으로 말이다. 마리와 마르셀은 1985년 모나코의 고급스런 호텔에서 열린 프랑스 50

"사람들은 먹고 마시는 것에
깊은 주의를 기울이기 시작하고, 그러면서 자연스럽게
그 움직임이 와인으로도 옮겨왔죠."

대 와이너리 시음회에서 지금의 내추럴 와인 살롱의 콘셉트를 최초로 선보인 사람들이었을 것이다.

이러한 살롱 외에도 마르셀과 마리는 '와인이 내추럴하게 존재할 권리'를 위한 운동을 적극적으로 펼쳤다. 내추럴 와인이 쥘 쇼베의 가이드 아래 보졸레 지역에서 탄생하기는 했지만, 사실 이전부터 대대로 유기농작과 이산화황을 사용하지 않고 와인을 만드는 집안들은 프랑스 곳곳에 존재하고 있었다. 단지 서로 연결이 안 되었을 뿐. 루아르 앙주 지방의 안느와 프랑수아즈 아케 자매는 이미 1969년부터 내추럴 와인을 만들기 시작했고, 보르도의 아모로(Amoreau) 가문은 몇 대째 샤토 르 퓌(Château Le Puy)를 내추럴 방식으로 만들고 있었다. 이외에도 화학 제초제를 구입할 여유가 없어서 유기농작을 하고 있거나, 이산화황 알레르기가 있어서 양조 시 이산화황을 사용하지 않고 있거나 하는 등 숨겨진 내추럴 와이너리들이 다수 있었는데, 마르셀의 활동을 통해 내추럴 와인 생산자들끼리 서로를 알기 시작했고, 그들의 '권리'를 위한 연합도 맺게 되었다.

"우리처럼 AOC 규정(이산화황도 일정치 이상 넣어야 하고, 포도밭 경작도 정해주는 방법대로 해야 하는 등)을 안 지키고 와인을 만드는 사람들이 지역에 한둘이면 그냥 무시할 수 있겠지만, 그 수가 조금씩 늘어나게 되니 AOC협회 심사관들이 점점 압박의 강도를 높여간 거죠. 화학 약품과 이산화황이 듬뿍 들어간 와인들은 AOC 규정에 맞으니 아펠라시옹(appellation)[18]을 내어주고, 우리처럼 유기농작을 하고 양조 과정에서 아무런 첨가물 없이 깨끗하게 만든 와인은 규정에 안 맞는다며 AOC 심사에서 계속해서 탈락을 시키고… 그래서 힘을 합해서 우리가 '존

18 아펠라시옹은 특정 포도가 자란 지역이나 지방을 말하며, 프랑스에서는 와인의 지역, 품종, 생산량 등을 엄격히 심사해 품질이 좋은 와인에 이 원산지 표시 등급을 허가한다.

재할 권리'를 주장해야 할 필요성을 느낀 거죠."

내추럴 와인 생산자들이 서로의 힘을 합해 만든 협회의 이름은 세브(SEVE, 프랑스어로 '수액'을 뜻한다). 어째서 인체에 해로운 화학 약품를 잔뜩 사용한 와인은 AOC 기준에 합당하고, 최대한 자연을 존중하면서 건강하게 만든 그들의 내추럴 와인은 AOC 기준에 합당하지 않은 것인지 이를 일반 대중들에게도 알리고자 하는 노력의 일환이었다. 90년대 후반부터 2000년 초반까지 실비 오쥬로(Sylvie Augereau)[19]와 마리는 프랑스 전국에서 같은 철학을 갖고 있는 와이너리들을 모두 방문하고 협회를 창립했다. 이 모임의 초대 회장은 샹파뉴의 거장 자크 셀로스(Domaine Jacques Selosse)의 오너 와인 생산자인 앙셀므 셀로스가 맡았다. 그러고 나서 다시 만든 협회가 '내추럴 와인 협회(AVN, Association des Vins Naturels)'인데, 이렇게 협회를 만들면서 내추럴 와인 생산자들도 그들의 권리를 적극적으로 주장할 수 있게 되었다.

이제 와인 이야기는 그만하고 둘의 사랑 이야기와, 함께한 삶에 대해 들려달라고 했더니 마리의 안색이 밝아지면서 입가에 미소가 가득해졌다. "마르셀 인생의 중요한 사건이 모두 1980년에 있었다고 처음에 얘기했었죠? 그가 이산화황을 넣지 않고 와인을 만들겠다고 결심한 바로 그 해에, 내가 포도 수확 아르바이트를 하러 그의 도멘에 갔었거든요. 우리는 바로 사랑에 빠졌고 그 후로 30년을 함께했어요." 두 사람의 아름다운 이야기의 시작에 내추럴 와인도 함께했었다니! "나는 알자스로렌 지방 출신인데, 그해 친구 중 하나가 포도 수확을 하러 샹파뉴 지방으로 간다는 거예요. 저도 예전부터 와인을 만드는 작업이 궁금했던 터라 흔쾌히 같이 가기로 했죠. 그런데 지인 중 한 사람이 샹파뉴가 무슨 소리냐며 보졸레를 가라, 그것도 꼭 마르셀 라피에르 도멘에 가서 수확을 해라, 라고 말하는 거예요. 워낙 잘 알고 지내는 사이고 믿고 따르는 분이라 그분 말에 따라 보졸레에 있는 마르셀의 도멘으로 갔죠. 8일 휴가를 내서 갔던 것인데… 결국 휴가를 일주일 더 연장했답니다. 하하."

그녀는 15일 후 다시 로렌으로 돌아갔다가 10개월 후, 오작교 역할을 한 분이 사는 마을에서 그분의 주례로 마르셀과 부부가 되었다고 한다. 그리고 2010년 마르셀이 세상을 떠날 때까지… 인생을 함께했다. 그녀의 표정은 여전히 마르셀에 대한 추억으로 가득해 보였다. "마

19 기자이자 작가이며 현재 프랑스 최대 규모의 내추럴 와인 엑스포인 '라 디브 부테이(La Dive Bouteille)'의 기획자. 최근에는 직접 와인도 만들기 시작했다.

만년의 마르셀 라피에르

르셀과 함께 한 30년 동안, 우리 집은 손님으로 북적이지 않았던 적이 아마 열 손가락에 꼽을 정도일 거예요. 마르셀은 나누는 것을 좋아하는 사람이었어요. 나도 낮에는 일을 했기 때문에 저녁이 되면 무척 피곤했지만 마르셀이 내놓은 와인에 맞는 간단한 음식을 만드는 일은 늘 즐거웠답니다. 때로는 그저 치즈 한 덩이, 집에서 만든 햄 한 덩이와 빵이 전부였지만 모두가 정말 즐거워했죠."

"한 가지 아쉬운 점이 있다면 그가 떠난 후 몇 년 지나지 않아 내추럴 와인 업계가 엄청나게 성장하기 시작했다는 거예요. 물론 내추럴 와인이 태동하던 시기를 생각하면 그가 떠나기 전에도 이미 커다란 발전을 이룬 셈이지만, 2012년과 2013년 무렵부터 저는 사람들의 생각이 어마어마하게 달라지는 것을 목도했어요. 사람들은 먹고 마시는 것에 깊은 주의를 기울이기 시작하고, 그러면서 자연스럽게 그 움직임이 와인으로도 옮겨왔죠. 파리의 내추럴 와인 시장은 처음부터 존재하긴 했지만, 그것이 이 흐름의 견인차 역할을 한 것은 아니었어요. 그러다가 2010년 초반부터 갑자기 파리에서 내추럴 와인 시장이 폭발하기 시작하고, 이내 프랑스 전역으로 퍼지기 시작한 거죠. 마르셀이 살아서 이러한 모습을 봤으면 얼마나 좋아했을까 싶어요….”

마르셀은 일터에서 화학 약품을 쓴 것도 아니고, 식생활도 건강식인데다 와인도 언제나 내추럴 와인을 마셨을 테니 분명 건강한 삶을 오래 살았을 것 같은데… 어떤 연유로 60세라는 아직 젊은 나이에 세상을 떠난 건지 마리에게 용기를 내어 물어보았다. 피부암이었다. 유전적 요인이었을까. “예전에는 피부암이 제대로 진단이 된 적이 없어요. 그래서 마르셀도 유전병이라는 진단을 받지는 않았죠. 피부암 확진을 받았을 때가 2010년 2월이었고, 그해 10월에 그는 우리 곁을 떠났어요. 마르셀이 암을 선고받을 당시 둘째인 카미유(현재 오빠인 마튜와 함께 와이너리를 이끌고 있다)는 남미를 여행 중이었는데 마튜로부터 아버지가 아프다는 소식-물론 살 날이 얼마 안 남았다는 사실은 모른 채-을 접하고 곧바로 프랑스로 돌아오려고 했죠. 그때 마르셀이 카미유한테 그러더군요. ‘딸아, 내 평생소원이 전 세계를 여행하는 것이었단다. 하지만 나는 그 소원을 이루질 못했지. 네가 내 대신 그 소원을 이루어 준다면 그보다 더 확실하게 나의 병이 낫기를 응원해 주는 방법은 없을 거야.’ 카미유는 결국 자신의 여행을 계속했고 여름에 프랑스로 돌아와서 마르셀과 그의 마지막 몇 달을 함께 했어요.”

기존 와인 업계에 팽배해 있던 사고와 양조 방식을 과감히 던져버리고, 자신이 가치를 두는 스타일의 와인 양조에 평생을 바쳤던 마르셀 라피에르. 보졸레 지역 내추럴 와인의 선구자로서 그가 남긴 발자취도 정말 중요하고 소중하지만, 아버지로서 마르셀이 남긴 정신적 가치는 어떤 수치로도 환산할 수 없는 보물이 아닐까. 다시 만나자며 인사를 하고 돌아서 나오는 나의 마음은 마리가 들려준 마지막 이야기가 남긴 여운으로 가득했다.

대표 와인

모르공Morgon

지역 모르공, 보졸레
품종 가메

'보졸레의 로마네 콩티'라는 명성과 함께 전설의 100대 와인에 선정된, 가메(Gamay) 품종에 대한 고정관념을 뒤엎은 와인이다. 평균 60년 수령의 올드 바인에서 열린 포도가 최적의 성숙도에 다다를 때까지 최대한 수확 시기를 늦춘다는 특징이 있다. 3년에서 13년을 사용한 오래된 부르고뉴 오크통에서 미세 효모와 함께 숙성되는 와인으로 강렬한 자줏빛을 띠며, 섬세하면서도 풍성한 향을 지닌다. 탄탄한 구조와 두드러지는 부케, 실크와 같은 타닌감 등 이 와인에서 가메 품종의 진정한 모습을 만날 수 있다.

헤장 골루아Raisin Gaulois

지역 보졸레
품종 가메

헤장 골루아 퀴베는 모르공의 영 바인과 보졸레 밭에서 재배된 포도를 사용하며, 토양은 화강암 기반이다. 신선한 과일과 꽃 계열의 풍미, 스파이스 풍미가 나타난다. 입에서는 주로 신선한 붉은 과일 풍미가 지배적이며 순수함이 느껴진다. 이 와인은 어릴 때 즐기기에도 좋지만 숙성을 통해 조금 더 재미(Jammy)한 뉘앙스로 발전시키기도 한다. 낮에 마셔도 부담이 없어 피크닉 와인으로 추천하며, 마시다 보면 1병으로 부족할 정도로 굉장히 마시기 편한 와인이다.

5
에르미타주의 내추럴 와인 선구자
다르 & 히보
Dard & Ribo
(René-Jean DARD & François RIBO)

에르미타주(Hermitage), 크로즈 에르미타주(Crozes Hermitage), 생 조셉(Saint Joseph)… 모두가 '시라(Syrah)의 왕국'이라 불리는 북부 론의 대표적인 아펠라시옹들이다. 또한 이 지역은 이 기갈(E. Guigal), 엠 샤푸티에(M. Chapoutier) 등 규모 면에서나 명성 면에서 커다란 영향력을 가지는 도멘들이 베스트셀러 와인들을 만드는 곳이라, 상대적으로 내추럴 와인 생산자들을 찾아보기 힘든 지역이기도 하다. 그런데 이곳에서 1980년대 초부터 이산화황을 넣지 않고 양조를 하는, 그것도 그 지역 최고의 AOC 로 꼽히는 에르미타주를 상 수프르로 만드는 용감무쌍한 와이너리가 있다. 바로 다르 & 히보(Dard & Ribo)다.

르네-장 다르(René-Jean Dard)와 프랑수아 히보(François Ribo)가 함께 만드는 와인은 무겁지 않으면서도 동시에 복합적인 풍미를 가진다. 병입 후 숙성을 하지 않고도 맛있게 마실 수 있지만 오랫동안 숙성할 수 있는 가능성 또한 지닌 매력 넘치는 와인들이다. 다르 & 히보는 북부 론에서도 가장 주옥같은 테루아를 총 9헥타르에 걸쳐 소유하여 내추럴 와이너리 규모치고는 작지 않은 사이즈이지만, 이들의 와인은 시장에 출시되는 즉시 품절되곤 하기 때문에 파리의 내추럴 와인 바나 비스트로에서는 단골 고객들에게 와인이 입고되는 소식을 미리 알려주기도 한다.

그의 와인을 한국에 선보이기 위해서 얼마나 많은 전화와 이메일을 보냈었는지. 2014년부터 시작한, 포기를 모르는 연락에 결국 웃으며 나를 맞이해줬던 르네-장 다르(프랑수아 히보는 주로 포도밭 경작에 중점을 두고 일하고, 대부분의 대외 관계는 르네-장이 도맡고 있다). 하지만 당시 르네-장은 와인 수입을 허락할지 말지는 시음이 끝나고 나서 생각해보자며 까칠하게 이야기를 했었다. 그렇게 어렵게 르네-장을 처음 만난 후 3~4년이 지난 지금, 이제는 그의 와인에 대한 깊은 이야기를 나누고자 편하게 마주 앉으니 감회가 새로웠다.

5
Dard & Ribo

르네-장의 와인 인생은 시작부터 매우 드라마틱했다. “내가 고작 15살 때였어. 포도 수확이 막 시작될 무렵이었는데, 아버지가 갑자기 쓰러지셔서 병원에 실려 간 후 다시는 돌아오지 못하셨어. 당시 포도밭에 모든 식구들의 생계가 걸려 있었으니 나는 아버지의 일을 물려받을 수밖에 없었지. 그때는 규모도 아주 작았어. 1헥타르 남짓 되는 생 조셉(St. Joseph) 땅에서 총 4,000여 병의 와인을 만들었던 것 같아.”

그렇다면 현재 와이너리의 파트너인 프랑수아와의 만남은 언제였을까. “프랑수아와 나는 1979년에 고등학교에서 처음 만났는데, 곧바로 마음이 통했지. 이듬해인 1980년부터 같이 와인을 만들기 시작했어. 사실 나는 프랑수아의 형과 먼저 친하게 지내고 있었어. 그의 형은 나와 카약, 보트 등을 같이 타는 친구였는데, 그가 자신의 동생인 프랑수아를 내게 소개해 준 거지.”

그가 다닌 고등학교는 본의 리세 비티콜(Lycée viticole, 와인과 관련된 기초 지식부터 양조까지 가르치는 일종의 기술고등학교)이었는데, 비록 그가 식구들의 생계를 책임지고 아버지의 빈자리를 채우기 위해 어쩔 수 없이 와인 양조를 시작했지만, 와인 관련 기술고등학교를 선택한 것은 오로지 그 자신의 의지였다. 이왕 할 거라면 제대로 해 보자는 심산이었을 것이다.

“프랑수아와 내가 최종적으로 와이너리를 설립하고 등록한 것은 1984년이었지만, 최초로 다르 & 히보 이름으로 판매를 시작했던 와인은 1983년 빈티지였지. 당시에는 아직 와이너리가 어머니 이름으로 등록이 되어 있던 때라, 어머니한테 와인을 양도받아 판매하는 형식을 취했어. 내가 1983년부터 프랑수아랑 와인을 만들었으니… 벌써 43년째 같이 와인을 만들고 있는 셈이야." 어떻게 그렇게 긴 시간을 함께할 수 있었느냐고 물으니 "좋은 시절도 있었고 힘든 시절도 있었고, 함께 이겨내온 시절도 있었지. 비단 커플 사이에서만 그렇겠어? 함께 일하는 친구이자 사업 동지도 매한가지야."

다르 & 히보의 와인은 처음 만들 때부터 이산화황 없이 만들어진 것으로 알고 있는데, 이러한 과정에서 누군가의 조언이 있었는지 물었다. "절대 아니야. 그 누가 되었건 우리의 양조 방식에 대해 이러쿵저러쿵 참견받는 것이 싫어서 처음부터 우리 둘이 결정해 만들었어." 정말이지 그의 고집이란, 내게 와인 수입을 허락하던 깐깐한 첫인상과 어쩌면 그리 딱 맞아떨어지는지. 물론 이러한 고집과 철학이 오늘날 다르 & 히보의 명성을 만들었을 것이다

"우리 와인을 파리에 팔기 시작한 것이 1985, 1986년 빈티지였는데, 그때 처음으로 피에르 오베르누아, 마르셀 라피에르 등 이산화황 없이 와인을 만들던 다른 생산자들을 만나 이야기를 나누고 의견을 교환했어. 우리 와인 역시 당시 파리에 존재했던, 내추럴 와인을 선호하는 고객들 사이에서 바로 유명해졌지. 당시에는 내추럴 와인이라는 용어조차 존재하지 않았고, 다들 '상 수프르 와인'이란 표현을 사용했어." 당시 파리에는 상 수프르 와인을 취급하는 곳이 세 곳 정도 있었는데 다르 & 히보 와인은 곧바로 이곳에 모두 리스팅이 되었고, 특히 '카브 오제'와는 함께 성장하는 관계였다고 한다. "운이 좋았지."라고 겸손하게 말을 덧붙이는 그를 보며, 과연 그 성공을 운으로만 볼 수 있을까 하는 생각이 들었다. 무엇보다 와인에 대한 무한한 노력과 그들만의 감각이 있었기에 이루어낼 수 있었을 것이다

르네-장과의 인터뷰는 사부아 지역의 내추럴 맥주인 브라스리 데 부아롱(Brasserie dés Voirons)의 스페셜 퀴베를 마시면서 진행되었는데, 평소 자신의 와인을 마시기보다는 다른

"벌써 43년째 같이 와인을 만들고 있는 셈이야."

와인들을 마셔보는 걸 선호하는 르네-장의 기호를 알고 미리 준비해 간 것이었다. 처음 마셔보는 맛있는 맥주에 눈을 반짝이는 르네-장. 60세가 넘은 나이에도 여전히 20대의 호기심을 간직한 그의 이런 호기심 또한 성공에 한몫을 했을 것이다.

다르 & 히보 와이너리를 시작하던 시절, 돈이 없었던 그들은 꽤 여러 해 동안 와인을 만들면서 다른 직업을 동시에 가졌다고 한다. "나는 초등학교에서 방과 후 활동을 하는 아이들을 돌보는 일을 했고, 프랑수아는 주유소에서 기름 넣는 일을 했지. 각자 결혼을 해서 가정을 꾸린 후에는 아내들이 함께 경제 활동을 해서 집안 살림을 책임졌어." 작고 영세한 데다 세상과 타협하지 않고 고집스럽게 만드는 와인만으로 어떻게 이들이 가족을 부양할 수 있을 만큼 충분한 돈을 벌 수가 있었겠는가. 내추럴 와인 생산자 1세대들은 대부분 이러한 고집과 신념으로 오랫동안 그들의 열정을 지켜왔을 것이다

그런데 이들은 왜 처음부터 수익도 나지 않고 양조 과정도 힘든 상 수프르 와인을 만들었던 걸까. 그의 답은 너무도 간단했다. "아버지한테 양조를 배울 때, 이산화황을 넣는 걸 한 번도 본 적이 없었어. 포도밭에도 제초제나 기타 화학 약품을 쓰는 걸 본 적이 없었고. 그런데 양조학교를 다니면서 와인에 이산화황을 포함한 여러 가지 첨가제를 넣어야 한다고 배웠지. 학교에서 배운 것이 틀릴 리 없을 테니 일단은 배운 대로 해봤지. 아, 그런데 마실 수가 없는 거야. 도저히 마실 수가 없었어." 그가 시간과 돈, 노력을 들여서 배운 지식이 쓸모없다는 걸 깨달은 순간이었다.

이산화황에 대한 르네-장의 이야기는 북부 론의 일반적 상황으로 옮겨갔다. 사실 대다수의 영세한 포도재배 농가들은 첨가제를 구입할 돈이 없어서 이산화황을 쓸 수 없기도 했고, 제초제 등 화학 약품 역시 마찬가지 이유로 쓰지 않았다고 한다. "대대적 풍작을 기록했

"숙성 잠재력이 높은 좋은 와인을 만들려면
밭에서 최선을 다해 경작된
최고의 포도가 기본적으로 있어야 해."

던 1973년은 양적으로는 좋았지만 질적으로는 건강 상태가 좋지 않은 매우 약한 포도들이었어. 양조 시 이산화황을 넣지 않으면 박테리아가 번성해서 식초가 될 가능성이 높은 상태였지. 이어진 1974년은 곰팡이 등 병충해가 심한 해였기 때문에 모두들 이산화황을 넣을 수밖에 없었고. 그럼에도 불구하고 이산화황을 쓰지 않은 와인들도 있었지만, 그 와인들의 완성도에 대해서는 확신을 하기가 어려워. 내추럴 와인이 지금처럼 상업적으로 소비되기 전, 과거에는 그저 시골 농부들에게 물 대신 마시는 일상적인 음료수였으니까. 때로는 물과 섞어서 벌컥벌컥 마시기도 했고." 이산화황을 넣지 않고도 완성도 높은 와인을 양조하는 방법을 과학적으로 제시한 사람은 쥘 쇼베였는데, 그의 연구가 본격적으로 와인 업계에 알려지기 시작한 것도 그의 사후인 1990년대부터였다.

그의 이야기는 어린 시절과 가족 이야기로 이어졌다. "아주 어렸을 때부터 나는 땅과 친했어. 밭에서 일하는 게 그렇게 좋더라고. 11살 무렵부터는 일 년에 2~3주는 친척 농가에 가서 하루 종일 밭일을 했어. 방학을 이용해서 일도 하고, 그걸로 용돈을 챙겨서 여름에는 내가

좋아하는 배도 탔지. 우리 집은 대대로 농사를 지었거든. 그 당시 대부분의 집들이 그러했듯, 가축도 치고 다양한 야채도 길렀지. 거의 자급자족하는 생활을 했었는데, 이런 생활이 나에게는 아주 잘 맞았던 듯해. 그래서 포도밭 일을 하면서도 늘 행복할 수 있었던 거지."

지금도 여전히 자신을 농부라고 생각하고 있는지 궁금했다. "당연하지. 프랑수아는 여전히 밭에서 일을 많이 하는데, 난 다리도 안 좋고 허리도 안 좋아서 예전처럼 많은 시간을 밭에서 보내진 못해. 게다가 파리, 그리고 일본을 비롯한 해외에서 우리 와인이 유명세를 타면서 뭐랄까 좀 농부의 생활에서 벗어난 듯한 느낌이 있긴 해. 하지만 난 여전히 농부로 살아가고 있어."

"유명해지고 사람들이 많이 알아봐 주는 건 당연히 기분 좋은 일이야. 특히 나 같은 사람들은 '좌파, 히피, 아나키스트 혹은 게으름뱅이(첨가물을 전혀 안 넣고 만드는 내추럴 와인의 특성을 반대 세력들은 아무것도 안 하는 게으른 자들이라고 비웃기도 했다)' 등으로 불렸잖아? 그런데 결국은 내 와인을 마신 사람들이 그 가치를 평가해준 것이니까."

다르 & 히보가 자리 잡고 있는 에르미타주는 워낙 고급 와인들이 생산되는 지역이라, 이들처럼 이산화황을 쓰지 않고 내추럴 와인을 만드는 사람들은 여전히 극소수다. 하지만 르네-장이 뜻밖의 일화를 들려줬다. "현재 도멘 장-루이 샤브를 이끄는 장-루이의 아버지 제라르. 그분은 늘 우리한테 호의적이셨어. 그의 와인은 당시에도 매우 구하기가 힘들었는데, 내 결혼식에 사용하고 싶어서 와이너리를 찾아갔었지. 와인을 좀 구입할 수 있는지 해서 말이야. 그런데 결혼식에서 쓸 거라고 말했더니 제라르가 에르미타주 매그넘을 6병이나 내오는 거야. 선물이라면서." 그 지역에서 최고로 꼽는 유명 와이너리의 오너이자 와인 생산자였던 제라르가 당시 많은 사람들로부터 이단아 취급을 받고 있던 다르 & 히보에게 우호적이었다니 그 역시 무척 따뜻하고 열린 마음을 갖고 있는 사람이었던 듯싶다.

그러고 보니 2년 전, 제라르의 아들인 장-루이 샤브와 점심을 함께하면서 들었던 이야기가 생각났다. 제라르를 비롯해 안-클로드 르플레브, 자크 레노 등이 쥘 쇼베의 조언으로 당시 상 수프르 와인에 대해 실험을 해보고 긍정적인 결과를 얻었었다는 이야기였다. 당시 장-루이의 이야기를 듣고, 나는 '이렇게 유명한 와이너리들도 이산화황을 사용하지 않는 양조에 일찌감치 관심이 있었구나!' 생각하며 신기하고 기분이 좋았었는데, 이렇게 르네-장을 통해 그 이야기를 다시 듣게 된 것이다.

"내추럴 와인은 어마어마한 관찰이 필요하고
그 관찰을 통해 이해한 바를 실행하는 방법밖에 없어."

"파리의 카브 오제에 1986년부터 우리 와인을 납품하기 시작하면서 총생산량의 70퍼센트를 모두 파리에서 소화했어. 그런데 기가 막힌 일은, 정작 내가 와인을 생산하는 이 지역에서는 단 한 병도 팔리지 않았다는 거야. 파리에서는 그렇게 불티나게 팔렸는데도 말이야." 역시 유명 와이너리들이 즐비한 보수적이고 전통적인 와인 산지에서 1980년대에 내추럴 와인이 인정받는 일은 쉽지 않았던 것이다.

그는 땅의 중요성을 재차 피력하면서 땅을 경작하고 가꾸는 건 정말 중요한 일이지만, 유기농, 바이오다미니 이런 것들은 그저 땅을 이해하는 도구에 불과하다며 와인에 대한 그의 견해를 이어갔다. "예를 들어 건강하지 않은 포도로도 이산화황을 넣지 않은 와인을 만들 수는 있어. 하지만 이 경우는 바로 마셔야 하는 프리머 스타일의 와인이 되겠지. 하지만 숙성 잠재력이 높은 좋은 와인을 만들려면 밭에서 최선을 다해 경작된 최고의 포도가 기본적으로 있어야 해. 그렇기 때문에 가장 중요한 것은 살아 있는 땅, 수많은 생명들이 살아 움직이는 땅, 숨 쉬는 땅인 거지. 이는 그 지역에서 가장 깨끗한 땅을 의미하는 건 아니야. 그래서 나는 꼭 유기농을 고집하지 않아. 밭을 이해하고 해마다 바뀌는 기후에 잘 적응을 하는 것, 이것이 제일 중요한 것 같아.

예를 들어 포도밭 고랑 사이에 여러 가지 풀을 그대로 자라게 두는 것도, 땅과 기후를 이해한다면 다르게 해석될 수 있어. 비가 많이 온 해에는 풀이 자라게 두어야 하지만, 건조한 해에는 그렇지 않지. 안 그래도 물이 부족한데, 그 부족한 물마저 풀이 소비를 해버리면 포도나무는 더욱 힘들어지니 말이야. 이것이 바로 밀레짐(millésime), 즉 빈티지를 이해하는 방법이야. 여기에는 레시피가 없어. 컨벤셔널 와인은 레시피가 있지. 이럴 땐 이렇게 이걸 넣고, 저럴 땐 저렇게 저걸 넣고. 하지만 내추럴 와인은 어마어마한 관찰이 필요하고 그 관찰을 통해 이해한 바를 실행하는 방법밖에 없어. 어떠한 화학적인 도움도 없이 말이야…" 내추럴 와인 양조에 대한 그의 정확한 해설이 귀에 쏙쏙 들어왔다. 그럼에도 불구하고 그는 여전히 확신이 없다고 한다. 아마 자신은 죽을 때까지도 모를 것 같다고 한다. "40년이 넘게 와인을 만들고 있지만 난 여전히 완전히 이해를 못 하고 있어. 절대적인 레시피가 없으니까 말이야. 그때그때 닥친 상황에 맞는 대처를 해야 하는 것뿐이지."

하지만 다르 & 히보 와인에 대한 수요는 전 세계적으로 늘어나고 있고, 생산량은 한정되어 있다. 이 문제를 그는 어떻게 해결하고 있을까. "'해결하지 않는 것'으로 해결하고 있지. 하하." 그는 그때그때 기분에 따라 와인을 배분하고 있는 것이 분명하다. 3~4년 전까지만 해도 일본이 가장 큰 거래처였는데, 그 이듬해는 벨기에 그리고 올해는 파리의 카브 오제라고 하는 걸 보니 말이다. 다른 수많은 와이너리들이 사용하고 있는 '할당량' 시스템에는 관심도 없어 보였다. 그에게는 배분 방식 역시 레시피가 없는 것이다. 그러면서 그는, "할 수는 있는데 하고 싶지 않은 거야." 라고 덧붙인다

내추럴 와인 업계는 생산자와 소비자 등이 서로 긴밀하게 엮여 있으며, 세계 곳곳에서 시음회 등의 행사가 끊이지 않고 이어진다. 하지만 다르 & 히보는 그 어떤 행사에도 참가하지 않는다. "이유? 관심이 없어. 우리는 우리의 와인을 만들 뿐, 특별히 내추럴 와인을 만드는 건 아니야. 누군가 다르 & 히보는 내추럴 와인을 만든다고 이야기하더라도 그건 그들의 말일 뿐이지. 우린 그저 우리가 좋아하는 와인을 우리가 좋아하는 방법으로 만들고 있어. 게다가 나는 다른 와인 생산자들 별로 안 좋아해." 그의 폭탄 발언이 계속되었다. "그들은 자신들이 꽤 심각한 사람들이고 예술가라고 생각하는데 웃기는 소리야. 우린 그저 농부라고. 조금 성공한 농부라고 할까?"

참 마음에 드는 표현이다. 내가 본격적으로 와인의 세계에 빠져들기 시작했던 20여 년 전만 해도 거의 모든 와인 시음회에 가면 정장을 입고 화려한 옷과 장신구를 걸친 남녀 와인 생산자들이 우아하게 서빙을 했었다. 시음장을 찾는 소믈리에나 와인애호가들 역시 화려했던 그때와 비교하면 지금의 내추럴 와인 업계의 모습은 정말 상상도 못 했을 정도다. 내추럴 와인 시음장은 기존의 와인 시음회와는 180도 다른 모습이기 때문이다. 내추럴 와인 페어는 편안함을 넘어서 재미와 흥까지 함께 하는 행사다. 밭에서 일하던 복장 그대로 생산자가 와인을 따라주거나, 늘 입던 평상복으로 참석하는 것은 기본이다. 르네-장은 덧붙였다. "맞아, 내가 와인 생산자들을 별로 안 좋아하긴 하지만, 내추럴 와인 생산자들은 컨벤셔널 와인

생산자들보다 훨씬 생각이 열려 있고 재미있어. 내가 일본을 자주 찾는 이유도 일본의 내추럴 와인 바나 레스토랑의 소믈리에들이 재미있거든. 형식적이지도 않고. 하지만 일본의 컨벤셔널 와인 세계는 다른 곳들과 마찬가지로 정장을 입고 세련되고 심각해. 휴, 재미가 하나도 없지."

"사람들이 나보고 사람 만나는 걸 싫어한다고 하는데, 그게 아니고 재미없는 사람을 싫어하는 거야. 예를 들어 장-피에르 호비노(Jean-Pierre Robinot, 랑쥬 뱅)나 에르베 수오(Hervé Souhaut, 아르데슈의 와인 생산자. 다르 & 히보에서 와인 양조를 배웠다)는 내가 좋아하는 사람들이야. 내가 좋아하는 사람들하고는 자주 만나서 이야기를 나누지. 이봉 메트라(Yvon Métras)나 브뤼노 슐레흐(Bruno Schueller)도 얼마나 괜찮은 사람들이야. 나는 원래 집에 있는 걸 좋아하고, 아이들을 돌보고 아내랑 시간 보내는 걸 가장 좋아해. 어쨌든 주말마다 다른 와인 생산자들과 어울려서 테이스팅을 하고 길을 떠나는 일이 나랑 안 맞는다는 거지. 그래서 시음 행사에 참가를 안 하는 거야. 지금의 우리를 보라고. 일요일 저녁 7시. 이 시간은 친구나 가족, 가까운 사람과 시간을 보내야 하는 거지, 시음회로 주말을 보내고 길에서 허비할 시간이 아니라는 게 내 생각이야."

그럼에도 불구하고 내추럴 와인 생산자들이 참가하는 다양한 시음회가 시장을 키우는 데 큰 역할을 한 것에 대해서는 그도 인정을 하고 있다. 자신과 안 맞을 뿐, 그 방법이 잘못된 건 아니라는 것이다. 사실 그의 이러한 면이 사람들로 하여금 다르 & 히보는 방문도 어렵고, 대화도 불가능하고, 더군다나 와인은 구하기가 하늘의 별 따기라는 생각을 하게 하는데도 말이다. 일부러 계산하고 행동하는 것은 아니겠으나, 결과적으로 이 또한 기막힌 마케팅 효과를 가져온 것도 사실이다.

"다르 & 히보가 여기까지 올 수 있었던 건 물론 다른 사람들과 많은 의견을 나눈 덕분에 가능했지만, 사실 가장 중요한 시점에는 언제나 오로지 프랑수아와 내가 같이 합의해서 결론을 내렸어." 도멘 다르 & 히보의 아이덴티티는 이렇게 확실하게 구축이 되어 있다. 게다가 이들은 정말 아무 것도 없는 무일푼으로 시작해서 여기까지 온 것이니… 나름 아름다운 성공이 아니겠는가.

"내추럴 와인과 컨벤셔널 와인을 섞어 놓고 마시면, 다들 처음에는 컨벤셔널 와인이 더 맛있다고 해. 하지만 끝에 가면 내추럴 와인은 거의 다 마시고 없는데 컨벤셔널 와인은 여전히 많이 남아 있는 경우가 대부분이야. 와인도 결국 음식이기 때문에, 이산화황을 쓰지 않아서 마시기 훨씬 편한 와인들이 더 많이 소비되는 거지. 하지만 내추럴 와인을 만드는 것이 목적이 아니고, 마시기에 좋은 맛있는 와인을 만드는 게 목적이 되어야 해. 나를 찾아와서 내추럴 와인을 만들고 싶다, 이제부터 만들 것이다라고 하는 사람들이 많은데, 웃기는 소리지. 맛있는 와인, 당신이 마실 수 있는 와인을 만들어야 한다고!" 그의 마지막 한마디는 요즘 불길처럼 번지는 내추럴 와인 열풍을 타고, 확고한 철학 없이 그저 트렌드를 쫓고 돈을 벌 목적인 '내추럴 와인' 생산자들을 향한 일갈일 것이다. 와인을 이야기하는 인터뷰지만 정작 와인이 아닌 내추럴 맥주를 놓고 진행된 희한한 인터뷰. 하지만 르네-장의 와인에 대한 열정이 누구보다 확고함을 확인한 귀중한 자리였다.

대표 와인

에르미타주Hermitage

지역 에르미타주
품종 시라

에르미타주 언덕 꼭대기에 위치한 교회 아래로 그림처럼 포도밭이 펼쳐진 북부 론 최고의 테루아, 에르미타주에서 생산된 포도로 양조된 와인. 노련한 거장의 장인 정신이 빛나는 명실공히 걸작 와인이라 할 수 있다. 가장 순수하고 섬세한 시라(Syrah)의 모습을 오롯이 표현한, 시라로 만들어진 가장 여성적이고 우아한 와인이다.

크로즈 에르미타주 레 루즈 데 바티
Crozes-Hermitage Les Rouges des Bâties

지역 크로즈 에르미타주
품종 시라

1940~1980년대에 심은 시라로 양조한 와인. 대부분 포도 줄기째 발효를 하며 빈티지 특성에 따라 줄기를 제거한 포도를 일부 넣기도 한다. 10~12개월 정도 오크통 숙성을 거쳐 병입된다. 붉은 진흙과 자갈이 섞인 레 바티 밭에서 나는 올드 바인에서 나오는 포도로 양조되었지만, 생동감이 넘치며 완고하거나 무겁지 않다. 산미와 절제된 타닌이 더욱 깊은 여운을 남긴다.

CRD

00 2016
CRD

6
열정과 에너지의 결정체
장-피에르 호비노
Jean-Pierre Robinot

TOUPRET

프랑스 루아르 지역의 작은 마을인 샤에뉴(Chahaignes)에서 태어난 장-피에르 호비노(Jean-Pierre Robinot)는 17세에 더 넓은 세상을 모험하기 위해 파리로 떠났다. 학위조차 없던 17세 시골 소년이 파리에서 할 수 있는 일은 많지 않았을 것이다. 배관공을 비롯해 생계를 위한 여러 가지 일을 이어 가던 중 22세에 우연히 내추럴 와인을 접하고, 그 와인으로 인해 그의 인생 전체가 송두리째 바뀌게 된다.

그는 1983년 〈르 루즈 에 르 블랑(Le Rouge et le blanc)〉[20]이라는 와인 리뷰지 창간에 참여했고, 이어서 파리 11구에 랑쥬 뱅(L'Ange Vin)이라는 내추럴 와인 바를 오픈했다. 그의 가게는 초창기에 생겨난 파리의 여러 내추럴 와인 바 중 거의 마지막 주자였는데, 장-피에르는 이 가게로 대단한 성공을 거두어, 이어서 2호점까지 열게 되었다. 하지만 그는 은퇴를 고려할 나이에 다시 한번 새로운 세상을 보겠다며 고향으로 돌아왔다. 그리고 남은 생을 위해 모아둔 자금 모두를 포도밭과 그의 와이너리 '레 비뉴 드 랑쥬 뱅(Les Vignes de l'Ange Vin, 현재는 랑쥬 뱅으로 불린다)'을 세우는 데 썼다.

그리고 이렇게 만들어진 그의 와인들은 현재 파리, 뉴욕, 런던 등 최고의 핫플레이스에서 어김없이 찾아볼 수 있다. 그는 또다시 제2의 성공을 거둔 셈이다.

20 여러 명이 조금씩 투자해서 만든 와인 리뷰지로, 일체의 광고가 없어 모든 편견에서 자유로운 새로운 콘셉트의 잡지. 특히 내추럴 와인에 대한 소개를 많이 하고 있다. 일 년에 3번 발간되며 흑백으로 인쇄된다.

6
Jean-Pierre Robinot

어느 화창한 봄날, 노엘라(Noëlla, 장-피에르의 부인)가 준비한 유기농 재료 가득한 푸짐한 점심상을 앞에 두고 장-피에르의 인생에 대한 질문을 시작해보았다. 그의 인생은 크게 1막과 2막으로 나뉘는데, 나의 인터뷰는 사실 그의 인생 1막에 더 초점이 맞춰져 있다. 이 책은 내추럴 와인 생산자 1세대들에 대한 이야기를 담고 있으므로, 와인 생산자로서 2002년부터 시작한 그의 인생 2막은 1세대 생산자들의 이야기와 시간상 거리가 좀 있기 때문이다.

동갑인 장-피에르와 노엘라는 아주 어린 시절에 만났고 그때부터 모든 삶의 여정을 같이 해왔다고 한다. 서로를 처음 만난 때가 언제였냐고 물었다. "어제였어. 하하하. 1964년 6월 7일이었어." 35년 전의 첫 만남을 그는 여전히 어제라고 표현한다. 영원한 젊음과 에너지를 추구하는 장-피에르다운 대답이다. "이 지역의 어느 샤토에서 1893년산 피노 도니스(Pineau d'Aunis)[21]를 마시면서 말이야."

1983년산 피노 도니스라니! 그는 17세에 파리로 갔으니 이미 그 전에 노엘라를 만났다는 이야기인데, 대체 어떻게 이런 엄청난 경험을 했는지 궁금했다. "시골에서는 와인을 일찍 마시거든. 나도 아주 어렸을 때부터 마셨던 것 같은데? 노엘라를 처음 만난 건 가족 모임을 통해서였어. 노엘라의 가족과 우리 가족이 함께 모이는 자리였고, 와인이 아주 많았어. 그중에서도 가장 오래된 병이 1893년산 피노 도니스였지. 1893년이 아주 좋은 빈티지였던 터라 와인이 정말 맛있었지. 게다가 그 와인은 디저트 와인이었어. 귀부화된 피노 도니스로 만든 와

21 루아르 지역의 고유한 레드 와인 포도 품종으로 슈냉 누아(Chenin Noir)라고도 불린다.

인이었던 거지." 피노 도니스가 스위트 와인으로도 만들어졌다니 처음 듣는 이야기였다. 게다가 그가 마셨을 당시에는 병입 후 이미 70년이 지나 있었는데도 여전히 높은 당도를 유지하고 있었다고.

"15살에도 1847년산 피노 도니스를 마신 적이 있었는걸? 그 와인도 스위트 와인이었어. 생각해봐, 15살에 맛본 100년이 넘은 기가 막힌 스위트 와인이 얼마나 맛있었겠어. 게다가 그냥 달기만 한 것이 아니라 산미와 복합성이 가미된 단맛이었지. 또래들이 마시던 코카콜라와는 비교조차 할 수 없는 맛이었어." 화학 약제가 본격적으로 도입되기도 전에 양조된 그 와인들은 당연히 내추럴 와인이었을 터, 장-피에르와 노엘라는 처음 만나던 날부터 이렇게 내추럴 와인을 운명적으로 접했던 것이다.

장-피에르가 17세 되던 해에 파리로 먼저 떠났고, 노엘라는 19세 때 그의 뒤를 따라 파리로 갔다. "고향에서는 할 일이 없었어. 우리 집은 진짜 가난했거든. 내가 14세부터 일을 해야 했을 정도였지. 그때 배웠던 기술이 제빵이었고 2년간 제빵사로도 일을 해봤는데… 나랑 맞

루아르 지역의 전통적 카브인 동굴에서 숙성 중인 와인

지 않았어. 결국 큰 도시인 파리로 떠나기로 했지. 파리에서 이런저런 잡일을 하다가 20세 무렵, 배관과 난방 공사를 하는 기술을 습득했어. 당시 파리는 배관공이 할 일이 무척 많았거든. 내 친구 하나는 1년에 회사를 12번이나 옮겼는데, 고용주가 마음에 안 들면 그냥 관두는 식이었지. 그런데도 실업 상태가 채 1시간을 안 가더라고. 그래서 아, 나도 먹고살려면 저 일을 해야겠구나! 싶었지."

그런 그가 와인의 세계로는 어떻게 들어오게 된 걸까. 배관공과 와인은 왠지 좀 거리가 있어 보이는데. "23살이던가 24살 되던 해인가… 와인에 관한 책을 하나 읽게 됐는데, 이건 대체 뭘까 싶더라고. 프리미에 크뤼(1er Cru), 그랑 크뤼(Grand Cru), 슈발 블랑(Cheval Blanc), 샤토 무통 로칠드(Château Mouton Rothschild), 샤토 라피트 로칠드(Château Lafite Rothschild), 샤토 마고(Château Margaux)… 책을 통해서 이런 와인 이름들을 알게 되었지." 하지만 그가 언급한 와인들은 모두 워낙 유명하고 고가의 와인들이라 이름을 안다고 해도 곧바로 마셔보기는 쉽지 않았을 터. 하지만 이런 내 예상을 가볍게 뒤집으며, 그의 이야기는 계속되었다. "그로부터 한 6개월쯤 후였나, 나는 그 와인들을 모두 마셔보게 됐어." 그런 일이 어떻게 가능했을까? "6개월이면 그 와인들을 마셔보기에 충분한 시간 아니야? 하하. 사실 내가 그 6개월 사이에 와인 전문 기자들을 아주 많이 알게 됐거든. 그들과 함께 슈발 블랑, 무통 로칠드, 라피트 로칠드 등 5대 샤토들의 1964년 빈티지를 테이스팅했지. 그때가 1970년대 초반이었는데, 고급 와인 시장의 위기가 찾아왔던 시기였거든. 반대로 나한테는 아주 좋은 기회였지. 그 와인들이 지금처럼 엄청난 가격도 아니었던 데다가, 와인 산업 한파로 가격이 파격적으로 내려갔으니까." 우연히 와인 책을 읽고 알게 된 고급 와인들이 궁금했는데, 때맞춰 그 와인들이 덤핑으로 나왔다? 운이라고 해도 이런 대단한 운이 또 있을까.

"비스트로에서 상 수프르 와인을 마셨는데,
그 순수함이 아주 좋았어."

"와인에 대한 책을 읽고 나서 책에 나온 와인들을 옥션으로 판매하는 곳이 있다는 것을 알고 찾아간 곳이 파리 근교의 이씨 레 물리노(Issy Les Moulineaux)시였어. 지금도 그런 식으로 옥션을 하는지는 모르겠지만, 당시에는 하루 전날 옥션 참가자들을 상대로 판매할 와인에 대한 시음회를 했지. 그랑 크뤼 와인 모두를 다 시음해보고 옥션에 참가하는 거야(당연히 현재에는 이런 제도가 있을 리 만무하다). 하루 전날의 시음회와 그다음 날 옥션을 통해 미쉘 베탄(Michel Bettane)[22]을 비롯해 유명한 와인 저널리스트들을 여럿 알게 되었고 와인을 사랑하는 몇몇 애호가들도 만나게 되었지. 그렇게 그들과 계속 어울리며 친하게 지내게 되었어. 특히 미쉘에게서는 와인 관련 지식을 많이 배웠지. 그는 와인에 대해서는 모르는 게 없었어. 엄청난 와인 컬렉터이기도 했고. 한번은 파리에서 50킬로미터 정도 떨어진, 미쉘의 개인 카브가 있는 곳에서 같이 주말을 보냈는데, 그의 카브에 부르고뉴의 으리으리한 와인들이 가득 차 있더라고. 그가 나보고 원하는 와인은 다 마시라고 해서, 라타슈(La Tache), 로마네 생 비방(Romanée St Vivant) 등 부르고뉴 그랑 뱅(Grand Vin)은 다 마셨던 것 같아."

그의 이야기가 계속될수록 그가 마셔봤다는 엄청난 와인들에 놀라고 대단한 행운에 또 놀랐다. 물론 그 행운은 그의 열정이 가져온 결과일 것이다.

1970년 초반부터 시작된 그의 와인에 대한 탐구는 결국 1983년에 친하게 지내던 와인 저널리스트들과 함께 만든 〈르 루즈 에 르 블랑〉 이라는 와인 리뷰지 창간까지 이어졌고, 장-피에르는 일 년에 3번 발간되는 그 잡지에 고정적으로 글을 기고하기 시작했다. 우연히 접한 와인책이 매개체가 되어 그는 배관공에서 일약 와인 저널리스트가 되었던 셈이다.

장-피에르는 와인의 세계에서 소위 말하는 비싸고 고급스런 와인들을 먼저 접했다. 그러고 나서 마침내 내추럴 와인을 접하게 된다. "그때가 아마 1986년이었을 거야. 프랑수아 모렐[23]이 운영하던 파리 20구에 있던 비스트로에서 쥘 쇼베의 상 수프르 와인을 마셨는데, 그 순수함이 아주 좋았어. 그 당시에는 '내추럴 와인'이라고 부르지 않고 다들 '상 수프르'라고 불렀지. 이산화황을 넣지 않은 와인이란 의미야. 그리고 그걸 내가 내추럴 와인이라고 바꿔

22 프랑스의 저명한 와인 저널리스트이자 와인 평론가. 와인 리뷰지인 〈기드 베탄 & 데소브 드 뱅 드 프랑스(Guide Bettane & Desseauve de Vins de France)〉의 창간자이다.

23 〈르 루즈 에 르 블랑〉의 편집자를 역임했으며, 내추럴 와인 비스트로를 운영하고 있다. 저서로 《자연 와인(Le Vin au Naturel)》이 있다.

부르기 시작했어."

클래식한 고급 와인에 길들여진 소비자의 경우, 곧바로 내추럴 와인을 이해하고 열광하게 되는 일은 사실 매우 드물다. 나 역시 오랫동안 컨벤셔널 와인을 마셨고 전통적인 와인 교육도 받았던 터라, 내추럴 와인을 제대로 이해하는 데 오랜 시간이 걸렸으니까….

1980년대 파리에서 내추럴 와인을 취급했던 곳은 총 5곳 정도였는데, 카페 드 라 누벨 메리(Café de la Nouvelle Mairie), 라 카브 데 장비에르주(La Cave des Envierges), 르 바라탕(Le Baratin), 르 파사방(Le Passavant), 그리고 장-피에르가 80년대 마지막 주자로 합류한 랑쥬 뱅(L'Ange Vin, 1989년 오픈)이 있었다.[24] "우리는 서로 다 친구였어. 늘 함께 이 집 저 집 다니면서 먹고 마셨지. 그중 카페 드 라 누벨 메리를 운영하던 베르나르 포토니에(Bernard Potonnier)는 조르주 생크(Georges V) 호텔 옆에 또 다른 와인 바를 가지고 있었어. 거기는 파리에서도 최

24 1980년대 파리의 내추럴 와인 바들. 40여 년이 흐른 현재는 주인이 여러 번 바뀌었거나 혹은 더 이상 영업을 하지 않는 경우가 대부분인데, 이 중 주방을 책임지는 사람이 오너로서 현재까지 계속 운영하는 곳은 르 바라탕이 유일하다.

고로 비싼 땅 중 하나잖아? 그 부동산 소유주가 로칠드 은행의 창립자이자 오너였던 에드몽드 로칠드였어. 그러다 보니 그 지하 카브에는 그 가문에서 소유하고 있는 샤토 무통 로칠드, 샤토 라피트 로칠드가 그득했지. 그 와인을 어떻게 했냐고? 로칠드 사람들과 우리가 2년 동안 함께 다 마셨지. '이리 와서 같이 마십시다. 무통 라피트 다 마시자고요.' 모두 좋은 사람들이었어, 로칠드 가문 사람들 말이야. 하하하."

그럼에도 불구하고 장-피에르의 마음을 사로잡았던 와인은 따로 있었다. 베르나르 포토니에가 그의 집으로 식사 초대를 한 자리에서 권했던 어느 와인이었다고 한다. "어느 날 저녁이었어. 늘 그렇듯 좋은 와인이 나오겠지 했는데, 왠걸? 베르나르가 아무런 설명 없이 와인 하나를 오픈하는 거야. 원래는 '이게 어느 샤토의 어느 빈티지인데…' 하면서 설명이 붙는데 말이지. 근데, 와… 그게 그동안 마셨던 무통이나 라피트와 비교가 안 되게 맛있더라고." 그 와인은 바로 마르셀 라피에르의 상 수프르 와인이었다.

쥘 쇼베의 상 수프르 와인을 먼저 마셨는지 아니면 마르셀 라피에르의 상 수프르 와인이 먼저였는지는 장-피에르 본인도 확실하게 기억하는 것은 아니지만 어쨌든 그는 1986년에 상 수프르 와인을 처음 접했다. 이후 장-피에르는 노엘라와 함께 마르셀 라피에르의 도멘을 주말마다 방문하기 시작했다. 도대체 어떤 와인인지, 누가 만드는 건지, 무엇이 비법인지 알아내고 싶어졌기 때문이었다. 그리고 거기서 그는 마르셀 라피에르를 비롯해 장 푸와야흐, 프티 막스, 테브네 그리고 자크 네오포흐까지 만나게 된다.

당시 장-피에르가 목도한 것은, 바로 쥘 쇼베의 오른팔이었던 자크 네오포흐를 중심으로 한 내추럴 와인 메카의 탄생이었던 것이다. "자크는 여기저기서 다 와인을 만들었어. 대단한 사람이었지. 쥘 쇼베도 천재였지만 내가 보기엔 자크도 천재였어." 장-피에르가 덧붙였다.

내추럴 와인의 어떤 점에 그가 그렇게 매료되었는지, 혹시 철학이나 다른 의미 등에 깊은 공감을 한 것인지 물었다. 돌아오는 대답은 너무나 단호했다. "'맛' 그 이상도 그 이하도 아니야. 아까 이야기한 것처럼 난 친구들과 어울려 어마어마하게 비싼 와인들과 유명한 와인들을 많이 마시고 즐겼지만, 내추럴 와인의 순수한 맛, 깨끗한 맛 그리고 그 자연스런 맛은 그 무엇과도 비교할 수 없었거든."

"내추럴 와인의 순수한 맛, 깨끗한 맛
그리고 그 자연스런 맛은
그 무엇과도 비교할 수 없었거든."

이후 장-피에르와 노엘라는 매 주말마다 내추럴 와인을 만드는 와이너리를 찾아 시음을 하고 와인 양조에 대해 이야기를 나누는 일을 아주 오랫동안 했다고 한다. 그리고 1989년 파리에 내추럴 와인 바 랑쥬 뱅을 오픈한 후에도 와이너리 탐방은 계속되었다. "그렇게 와이너리를 돌아다니고 무수하게 시음을 했으니, 내가 배관공이었었지만 와인 관련 글을 쓸 수 있었던 거지. 그리고 내 옆에 노엘라가 없었다면 난 와인에 대한 글을 쓸 수도, 비스트로 운영을 할 수도 없었을 거야. 뭐든 학교에서 배우지 않고 독학을 하던 나였는데, 그 혼자 가는 길에 노엘라는 늘 든든한 지원군이자 동반자였지." 15세에 만나서 반백 년이 넘는 세월을 함께 한 노엘라에게 공을 돌리는 장-피에르. 넘치는 에너지를 가진 그의 이면에는 이렇게 오랜 세월을 함께 한 부인에 대한 순도 높은 애정이 숨어 있었다.

그는 이어서 랑쥬 뱅 운영 시절의 에피소드를 털어놓기 시작했다 "우리 가게에는 주로 주변 동네에 살거나 근처에서 일하는 사람들이 찾아왔는데, 손님들 중에는 보르도 그랑 크뤼 와인을 지하 카브 가득 채워 놓은 사람들도 꽤 있었어. 부유한 고객들이 많았거든. 처음에는 그들도 그저 호기심으로 내추럴 와인을 마셨지만, 대략 한 달 정도 마시잖아? 그러면 다들 하나같이 그러더라고. '보르도 그랑 크뤼 와인들 이제 도저히 못 마시겠다. 다 내다 팔아야겠다'고." 하긴, 나의 지인 중에도 보르도, 부르고뉴의 그랑 크뤼를 한가득 컬렉션해놓은 상태에서 내추럴 와인에 빠진 사람들이 몇 있는데 그들의 고민도 매한가지이다. 내추럴 와인의 순수한 매력에 한번 빠지면, 돌아 나오는 길을 찾기는 어려운 것 같다.

"아 그리고 특히 요즘 젊은이들, 다른 와인을 접하지 않고 곧바로 내추럴 와인을 접한 사람들은 와인을 받아들이는 속도가 기성 세대보다 월등히 빠르더라고. 지금 파리의 내추럴 와인 시장은 남녀노소 안 가리고 폭넓게 자리를 잡았지만, 80~90년대에는 그렇지 않았거든." 어쩌면 당연한 일인 듯하다. 어느 것에도 물들지 않은 순수한 도화지 같은 입맛이니, 아무것도 섞지 않은 순수한 내추럴 와인의 맛을 더 쉽게 이해할 수 있다. 요즘 한국에서 열풍처럼 부는 내추럴 와인의 인기도 대부분 젊은 세대가 견인차 역할을 하고 있으니까.

자, 이제 그의 인생 2막에 대한 이야기로 넘어가 보기로 한다. 잘 나가던 파리에서의 인생을 접고 왜 완전히 새로운, 와인 생산자로서의 삶을 찾아 나서게 되었을까. 고생길이 훤히 보였을 터인데 말이다. "17살이란 어린 나이에 파리로 올라와서 몇십 년을 살았으니 이제는 파리를 떠나야겠다는 단순한 생각에서 시작되었어. 그러면서 내가 할 줄 아는 게 무엇일까 생각해보니, 와인을 마시고 와인을 팔고 와인에 대해 글을 쓰고… 전부 와인, 와인이더라고. 그래서 이번엔 한번 직접 와인을 만들어보자 싶었지. 그렇다고 처음부터 심각하게 달려들었던 것은 아니야. 그저 소일거리 삼아 2002년에 1헥타르 정도의 밭으로 시작을 했어." 현재 그의 포도밭 면적은 7헥타르에 달한다. "첫해 수확한 포도로 반은 상 수프르 와인을 만들고 나머지 반은 이산화황을 소량 넣었어. 처음 만드는 거라 자신이 없었으니까. 그런데 그렇게 몇 년이 흐르고 나니, 내가 만든 와인을 내가 마실 수 없는 상황이 된 거지. 이산화황이 들어간 와인을 도저히 마실 수가 없더라고. 결국 2008년부터는 모든 와인을 상 수프르로 만들고 있어."

와인 생산자로서의 그의 인생도 어느덧 18년째가 되어가고 있는데 가장 기억에 남는 행복한 순간이 언제였는지 궁금했다. "나야 늘 행복하지. 하하. 하지만 처음 와인을 만들었을 때, 파리에서 내추럴 와인 바를 하는 내 친구들이 내려와서 잘 만들었다고 칭찬해주고 와인을 다 사줬을 때. 그때 정말 기뻤어. 뭐랄까… 내 선택이 좋은 선택이었다는 뿌듯한 느낌. 내가 첫 번째로 생산한 와인이 2002년이었는데, 우연히 아주 좋은 빈티지였어. 다들 농담으로 '좋은 빈티지를 만나서 운 좋게 와인이 좋은 거다.'라고 했는데, 글쎄 그다음 해가 2003년이지 뭐야. 알다시피 이 지역 최고의 빈티지지. 와인이 첫해보다 훨씬 더 좋았어. 하하." 내가 그

"요즘 젊은이들, 다른 와인을 접하지 않고
곧바로 내추럴 와인을 접한 사람들은 와인을 받아들이는
속도가 기성 세대보다 월등히 빠르더라고."

호비노의 카브에 여기저기 놓인 다양한 사이즈의 와인병

장-피에르 호비노의 2015~2017년 빈티지 와인들

의 다양한 와인 중 뤼미에르 드 실렉스(Lumière de Sylex) 2003년산을 2017년에 처음 시음했던 기억이 났다. 14년을 숙성한 그의 슈냉 블랑은 미네랄과 풍부한 향기가 가득한 너무도 멋진 와인이었다. 함께 시음한 모든 사람들의 탄성을 자아냈고 이구동성으로 루아르의 슈냉 블랑이 어떻게 부르고뉴 화이트, 그것도 최고급 화이트인 몽라쉐로 착각하게 만드냐고 감탄해 마지않았던 그 날의 기억이 여전히 생생하다.

그렇다면 이 운 좋은 남자는 무엇이든 손만 대면 다 잘 되는 것인가? 하지만 그 이면에는 상상할 수 없을 정도의 엄청난 노력이 자리하고 있었다. "지금이야 7헥타르의 땅을 나를 포함해 3명이서 함께 경작하고 일구지만, 예전에는 모든 것을 나 혼자, 노엘라의 도움을 받아

"정답이 없다는 건데, 그게 정답인 거지.
내추럴 와인 양조는 컨벤셔널 와인 양조처럼
정해진 레시피가 있는 게 아니니까."

가면서 했지. 여행도 거의 하지 못했고, 밤낮으로 포도밭에 매달렸었던 것 같아. 와인을 만들기 이전에 건강한 포도를 키우는 일이 가장 중요하니까."

와인을 만들면서 스승으로 삼았던 다른 생산자들이 있었을 법한데…. "처음에 와인을 만들 때는 필립 파칼레(Philippe Pacalet)에게 자주 연락을 했었지. 그런데 그는 이렇게 해봐라 저렇게 해봐라 조언을 해주면서도 결국은 '살아 있는 물질'을 대할 때는 그때그때의 느낌으로 대처를 해야 한다고 했어. 즉 정답이 없다는 건데, 그게 정답인 거지. 내추럴 와인 양조는 컨벤셔널 와인 양조처럼 정해진 레시피가 있는 게 아니니까. 수확한 포도의 상태에 따라, 천연 효모의 상태에 따라 그리고 양조장의 상태에 따라 매해 매 순간 달라지니 말이야. 결국 와인을 만들면서 나 혼자 배워가게 되었지. 나는 일평생 혼자 배우는 데 익숙했으니 그다지 문제는 아니었어. 특히 무엇보다 수년 동안 매 주말마다 와이너리를 찾아 시음하고 양조와 숙성에 대해 각 지방의 와인 생산자들과 대화를 나눴던 것이 나에게 정말 큰 도움이 되었어."

장-피에르는 현재 각 마이크로 테루아의 특성을 살린 작은 퀴베들을 다양하게 생산하고 있다. 그와 시음을 시작하면 기본 3시간은 걸릴 정도로 다양한 와인들이 계속해서 나오곤 한다. 그는 와인이 맛이나 상태 면에서 팔 준비가 안 되었다고 생각하면 한없이 기다린다. 앞서 언급한 2003년산 와인 뤼미에르 드 실렉스는 얼마 전까지 전량 그의 동굴 같은 카브에 저장되어 있었는데, 이것만 봐도 그가 판매에 앞서 얼마나 철저하게 품질 관리를 하는지 알 수 있다. 내추럴 와인 시장에서 그가 스타가 된 것은 결코 운이 따라서만은 아니다.

이제 장-피에르는 그의 인생 3막을 준비하고 있다. 바로 사진. 그의 와인 레이블은 대부분 그가 직접 찍은 사진들이다. 그동안은 그저 레이블에 쓰기 위해 취미로 찍었지만, 몇 년 전부터는 이탈리아 등에서 그의 사진 전시회를 겸한 시음회를 시작했다고 한다. 언젠가는 한국에서도 같은 행사를 하고 싶다는 희망을 갖고 있지만, 그의 몸이 10개가 아닌 이상 가능한 일일까 염려도 된다. 그는 여전히 포도밭에서 거의 대부분의 시간을 보내고, 양조 시즌에는 양조에 매달리며 약간의 여유 시간에 사진을 찍고, 파리에 있는 거래처를 방문한다. "원래 시간은 없을 때 쪼개 써야 제대로 쓸 수 있거든." 사진작가로서의 인생 3막을 꿈꾸는, 자신은 200살까지 살 것이라는 그의 열정과 에너지에 다시 한 번 감탄하며, 마지막으로 그는 내추럴 와인을 어떻게 정의하는지 물었다.

"내추럴 와인은 식물이 자연을 반영하고, 그것이 인간에 의해 은유적으로 잘 재생산된 '식물성 물'이라고 생각해." 꽤 난해한 정의를 내놓고는, 안경 너머로 눈가에 가득 잡힌 주름과 함께 천진하게 웃는 장-피에르. 그야말로 내추럴 와인의 진정한 숭배자일 것이다.

대표 와인

샤흠Charmes

지역 루아르 밸리
품종 슈냉 블랑

대부분 석회 토양인 지역에 특이하게 자리 잡은 진흙 토양에서 재배된, 평균 연령 20세 정도인 슈냉 블랑으로 만들어진 화이트 와인. 섬세하지만 복합미를 함께 갖춘 와인이다. 땅의 기운을 받으며 자란 포도나무가 보여주는 굳건한 미네랄과 예리한 산미가 은은한 감미와 만나 완벽에 가까운 밸런스를 보여준다. 마치 섬세하게 세공된 보석처럼 아름답게 빛나는 와인.

리리스L'Iris

지역 루아르 밸리
품종 슈냉 블랑

20~40년 정도 수령의 포도나무에서 열린 슈냉 블랑이 선사하는 미네랄과 감미 그리고 화려한 산미가 완벽한 균형을 보여주는 화이트 와인. 빈티지의 특성에 따라 12개월에서 24개월의 숙성 기간을 거친 후 병입된 와인으로, 망고, 시트롱, 감귤류의 풍미를 갖고 있다. 이리스의 어원인 무지개처럼, 비 온 뒤 구름이 걷히고 햇살이 밝아올 때 찾아오는 행복과 설렘을 선사하는 와인이다.

7

부르고뉴의 이단아
도미니크 드랭
Dominique Derain

기라성 같은 유명 와이너리들이 빼곡하게 자리 잡은 프랑스 최고의 와인 산지에서 도미니크 드랭(Dominique Derain)은 30여 년 전부터 내추럴 와인을 만들고 있다. 굳이 새로운 노력이나 시도를 하지 않아도 잘 팔리는 와인이 나오는 이 비싼 지역에서 그는 다른 방식으로 사고를 하고, 다른 방법으로 와인을 만드는 소위 이단아이다. 60대의 나이에도 한쪽 귀에 걸린 귀걸이, 구불거리는 곱슬머리는 그가 자유로운 영혼의 소유자임을 한눈에 보여준다.

도미니크 드랭. 유기농이란 단어도 생소했던 30년 전의 부르고뉴에서 그는 유기농을 넘어 비오디나미(Biodynamie)를 시작했고, 그의 첫 와인은 상 수프르였다. 남들과 '다른' 이런 점이, 그의 자유로운 영혼과 함께 가히 도멘 드랭의 아이덴티티라고 할 수 있을 것이다.

공식적으로 그는 이제 은퇴를 한 상태지만, 여전히 넘치는 에너지로 와인을 만들고 있다. 칠레의 피노 누아 와인을 마치 마술을 부리듯 부르고뉴 스타일로 양조하고, 루시용 지역의 그르나슈에 섬세한 풍미를 담아 양조하고 있다. 모두 그 지역 와인 생산자와의 협업을 통한 작업이다. 이러한 프로젝트를 위해 그는 도멘 드랭의 와인을 만들 때만 부르고뉴에 머물고, 그 외 시간에는 늘 여행 중이다.

와이너리에서의 테이스팅부터 시작해 식사로까지 이어진 그와의 대화는 시종일관 웃음이 그치지 않는 즐거움의 연속이었다. 그가 만든 화이트와 레드 와인을 함께 기울이자 그의 이야기 속에 담긴 번득이는 재치와 유머도 더욱 깊어졌다. 마침 내가 그를 찾은 날이 도미니크의 프리머(primeur) 와인인 알레 구통을 병입하는 날이어서, 막 병입한 와인을 세계 최초로 맛보는 영광을 안았다.

Catherine et Dominique DERAIN
SAINT AUBIN Côte d'Or

Natural Winemakers

7
Dominique Derain

"나의 첫 번째 양조 와인은 1990년산 '르 방(Le Ban)'이었어. 1989년에 포도밭을 샀고, 곧 바로 유기농으로 전환해 첫 수확을 그해에 했지. 당시에는 와인을 양조할 도구들-양조통, 압착기-도 갖추고 있지 않았고 양조장도 없었거든. 그래서 수확한 포도를 다른 도멘에 팔았지. 그리고 그다음 해부터 양조 도구들을 얻어서 직접 와인을 생산하기 시작했어. 르 방은 생 토뱅(Saint-Aubin)[25] 레드 와인이었는데, 사실 나는 지난 10여 년 동안 퓔리니 몽라셰, 뫼르소, 샤블리, 알자스 등에서 줄곧 화이트만 만들었거든. 물론 그 와인들은 유기농 포도도 아니었고 이산화황도 레시피대로 잔뜩 넣은 와인이었어." 레드 와인과 화이트 와인은 양조 방법도 전혀 다르고 포도를 다루는 방식도 다를 텐데 그의 첫 와인도 성공적이었냐는 질문에 "운이 좋았지. 1990년은 작황이 아주 좋은 해였거든. '뭐, 이 정도 포도라면 할 만한데?' 하고 생각하고 만들었는데, 빙고! 제대로 와인이 만들어졌지. 문제는 바로 그다음 해였어. 정말 힘들었다니까. 하하."

도미니크가 과거의 경력 10여 년 동안 만들던 화이트 와인들은 유기농이 아니었는데, 그는 왜 갑자기 내추럴 와인을 만들기 시작했을까. "나는 언제나 어릴 적 할아버지가 가꾸던 포도밭의 상쾌한 환경이 그리웠거든. 농약을 전혀 사용하지 않아 쾌적하고 향기롭던 그 분위기. 우리 할아버지도 정말 멋진 분이셨고…" 이 대목에서 그는 할아버지에 대한 그리움으

25 부르고뉴 코트 드 본(Bourgogne Cote de Beaune)의 AOC로 화이트 와인 중심의 아펠라시옹이다. 레드 와인은 전체 생산량의 4분의1 정도이다. 수 개의 프리미에 크뤼가 있으며, 지리적으로는 그랑 크뤼 몽라쉐(Grand Cru Montrachet) 바로 아래 쪽에 자리 잡고 있다.

Dominique Derain

로 눈가가 촉촉해지며 잠시 목이 메었다. "나의 첫 번째 직업은 오크통을 생산하는 일이었어. 그러다가 포도밭에서 일을 하기 시작했지. 그때부터 나는 무의식적으로 내가 어릴 때 경험했던 할아버지의 포도밭 같은 환경을 계속해서 찾아다녔던 것 같아. 하지만 10년 동안 그런 포도밭은 어디서도 찾을 수가 없었지. 마지막으로 일했던 곳은 부르고뉴의 한 유명 와이너리였는데, 정말 끔찍했어. 당시 그 와이너리는 온갖 화학제와 양조제 범벅인 와인을 생산하는 곳이었거든. 지금은 달라졌지만 말이야." 그의 할아버지가 만든 와인의 맛은 단순한 포도주의 맛에 그치지 않고 그에게는 삶의 기준이 되었고, 결국 당시 일하던 부르고뉴 유명 도멘의 총책임자 자리를 박차고 나와 자신의 와인을 만들게 된 계기가 되었다.

"그때 남쪽의 뤼브롱(Luberon) 지역에 포도밭, 양조장, 목축을 다 할 수 있는 곳이 매물로 나왔어. 그런데 부르고뉴의 집이 팔려야 말이지. 하지만 다행히 생 토뱅에 작은 땅을 얻게 되었어. 그곳은 필록세라가 지나간 이후 단 한 번도 포도나무를 심지 않았던 땅이라, 화학 약제를 전혀 겪은 적이 없어서 내겐 아주 흥미로웠지. 결국 남쪽으로 내려가는 계획을 포기하고, 생 토뱅의 땅 옆에 또 다른 괜찮은 땅이 있나 알아 보기 시작했어. 그때가 1987년이었으니까… 3년 정도 걸려서 3헥타르의 땅을 사고 빌려서 지금의 도멘을 시작할 수 있었지"

"언제나 어릴 적 할아버지가 가꾸던 포도밭의 상쾌한 환경이 그리웠거든. 농약을 전혀 사용하지 않아 쾌적하고 향기롭던 그 분위기."

그의 소원대로 도미니크는 화학 약품을 겪은 적이 없는 깨끗한 땅에 새로 포도나무를 심고, 그의 할아버지가 하셨던 것처럼 상쾌한 환경을 만들어 가기 시작했다. "게다가 당시 나는 현대식 양조 설비를 살 돈이 없었어. 하지만 오히려 그게 더 행운이었지. 돈이 없으니, 옛날에 할아버지가 사용하시던 오래된 압착기를 가져다 사용했고, 양조통은 삼촌이 사용하던 것을 가지고 왔어. 나의 양조 경력 10년 동안 온갖 최신식 장비들을 다 사용해봤지만, 할아버지의 압착기와 삼촌의 양조통도 전혀 문제없이 좋은 결과를 내더라고. 결국 비싼 장비들이 다 소용없다는 것을 알았지."

와인과 관련된 학위도 없고 본격적으로 양조를 배운 지식도 없이 그저 포도밭 노동자로, 오크통 생산자로 일을 시작한 도미니크는 10년 후 부르고뉴 유명 도멘의 총책임자 위치에 오른다. 사실 도미니크는 천재성이 넘치는 사람이다. 물론 여기에는 그의 부단한 노력도 더해졌겠지만, 그가 가진 천부적 재능으로만 보면 이러한 경력이 당연한 일인지도 모른다. 하지만 10년 만에 와이너리 최고 경영자가 된 그가 깨달은 사실은 그 누구도 할아버지처럼 와인을 만들지 않는다는 것이었다. 그가 일을 했던 여러 도멘들은 모두 제초제와 농약을 듬뿍 친 포도에 다시 또 여러 가지 양조 보조제를 사용해서 와인을 만들었다. 그러니 사사건건 이에 반대하는 도미니크를 와이너리에서도 곱게 볼 리가 없었다.

"나한테 정말 중요한 게 뭔 줄 알아? 바로 잘 익은 포도야. 할아버지도 같은 말씀을 하셨지. 예를 들어 사과나무 밑에 가서 사과를 딴다고 생각해 보자고. 빨갛게 익은 것도 있고, 분홍색인 것도 있고 더러는 덜 익은 것도 있겠지. 잘 모르고 덜 익은 걸 땄어. 한 번 딴 이상 돌이킬 수 없지. 그 덜 익은 사과를 잘게 썰어서 설탕을 뿌려 먹는다고 생각해보자고. 설탕을 뿌린 그 과일에서 제대로 된 사과 맛이 나오겠어? 와인도 마찬가지야. 샵탈리자시옹

(Chataplisation)[26]를 했다면 그 맛이 과연 순수한 포도 맛이겠냐고."

그가 마지막으로 총책임자로 일했던 곳은 샤토 퓔리니 몽라쉐(Château Puligny Montrachet, 당시 샤블리의 라로슈Laroche 소유)였다. 그리고 그는 세 가지 이유로 이 와이너리에서 쫓겨나게 된다. "내가 싸움꾼인 데다, 와인과 관련된 학위도 없고, 게다가 월급도 비싸다는 거였어. 하지만 내가 월급을 꽤 받았다는 건, 기존의 방식을 따르지 않고 내 방식대로 만든 와인이 어쨌든 시장에서 잘 팔려서였기 때문이 아닐까. 하하." 이를 계기로 도미니크는 생 토뱅의 작은 땅에서 자신이 꿈꾸던 와인을 만들기 시작했다. "마을의 나이 드신 어른들과 이야기를 하면서 납득할 만한 지식을 더 많이 얻을 수 있었어. 예를 들어 흙은 숨을 쉬어야 한다는 것. 이것만 봐도 양조학 학위든, 유명 학교든 다 필요 없지 뭐. 양조학교에서 흙을 숨 쉬게 하는 것이 중요하다고 누가 가르치겠어? 미친 소리라고 하겠지."

30년 전의 부르고뉴에서 유기농을 이야기하는 건 어불성설이었다. "일단 당시 모든 미디어는 유기농에 대해 나쁘게 이야기했으니까. 비오디나미는 아예 언급조차 되지 않았고. 그리고 사실 내가 봐도, 30년 전의 유기농 와인은 맛이 별로 없었어." 그 이유는 무엇이었을까. "글쎄… 당시 유기농 와인을 주장하던 몇 안 되던 사람들은, 기존의 와인보다 더 나은 품질의 더 맛있는 와인을 만들어야겠다는 생각보다는 그저 기존의 방식에 반대되는 것을 만들어보겠다는 부정적인 시각을 갖고 있어서가 아닐까? 나중에 돌아보니 그런 생각이 들더라고."

그렇다면 주변의 따가운 눈총과 유기농에 대한 부정적 시각을 감수하면서까지 도미니크가 만들고자 했던 와인은 어떤 것이었을까. "나는 그저 더 나은 와인을 만들고 싶었어. 할아버지가 만드시던 그런 와인. 당시 유기농 와인을 외치던 사람들보다는 좀 더 긍정적인 의도를 가지고 있었지. 30년 전 이 지역의 와인은 오크 향이 강한 스타일은 아니었지만, 옅은 색의 피노 누아로부터 색을 얻어내려고 오랜 침용(macération)을 동반하는 알코올 발효(cuvaison, 퀴베종)를 하다 보니 타닌이 아주 강했어. 퀴베종이 길면 이산화황을 넣지 않고는 통제하기가 어렵거든. 그러니 내가 이산화황을 넣지 않고 만드는 와인은 리덕션(reduction)[27]도 심하고, 산화의 문제도 있었지. 이는 최근 만들어지는 내추럴 와인도 여전히

26 1801년에 장-앙투안 샵탈(Jean-Antoine Chaptal)에 의해 처음 허가된 양조기법으로,와인의 알코올 도수를 높이기 위해 설탕을 첨가하는 것을 말한다.

병입된 알레 구통 2017을
녹인 밀랍으로 왁싱하는 모습

Allez
Goutons
VIN DE FRANCE
DERAIN
750 mL
Allez
Goutons
VIN DE FRANCE
DERAIN
750 mL

알레 구통 2017

“난 기존의 방식에는 전혀 관심이 없었고,
그저 투명하고 솔직하게 와인을 만들고 싶었어.”

가지고 있는 문제지만, 양조자가 어떻게 잘 지켜보고 대처하느냐에 따라 문제가 생기지 않을 수도 있으니까.”

그는 사실 뼛속 깊은 부르기뇽(bourguignon)[28]이다. 그는 1955년, 아직 병원으로 운영되던 시절의 오스피스 드 본(Hospices de Beaune)에서 태어났다. “와인 업종에 몸담고 있는 동안, 나는 부르고뉴의 와인 생산자들이 어떻게 와인을 만들고, 어떻게 소비자를 속이는지 다 봤거든. 그들이 아펠라시옹에 어떤 속임수를 쓰는지도 다 봤고. 그러니 난 기존의 방식에는 전혀 관심이 없었고, 그저 투명하고 솔직하게 와인을 만들고 싶었어.

할아버지의 할아버지의 할아버지 때부터 대대로 내려오는 명문 양조 가문들이 즐비한 부르고뉴의 마을에서 도미니크가 새롭게 정착할 땅을 찾기는 힘들었다. 기본적인 매입 자격도 안 되었고, 또 좋은 땅이 매물로 나와도 그가 가진 조건으로는 매입이 힘들었을 것이다. “땅을 보러 여기저기 다니는 중이었어. 당시 생 토뱅에 매물로 나온 땅이 있어 보러 갔는데, 정작 그 옆의 땅이 딱 마음에 드는 거야. 시쳇말로 거기 꽂힌 거지. 그때, 그저 ‘저 땅을 갖고 싶다’는 생각을 했는데, 1년 후 내 밭이 되더라고? 히히. 생각만 하면 이루어진다는 길 미리 알았더라면 샤사뉴 몽라쉐나 코르통 샤를마뉴 등 비싸고 좋은 땅 앞에 가서 ‘갖고 싶다’는 생각을 할 걸 그랬지? 하하하.” 생 토뱅의 매물로 나온 밭의 옆 땅. 바로 그곳에서 생산되는 와인이 그가 만든 최초의 와인인 ‘생 토뱅 르 방(Saint Aubin Le Ban)’이었다. 미네랄이 넘치며 아주 멋지고 힘이 있지만 동시에 섬세함도 갖춘 이 와인은, 도미니크와 참 많이 닮았다.

27 병 안의 산소 부족으로 인한 현상으로, 와인을 오픈한 후 대부분 수 분 내에 사라진다. 마구간 냄새, 환기가 안 된 곳의 냄새 등으로 표현되며 이산화황을 넣지 않은 내추럴 와인에서 가끔 발생하는 현상이다.

28 부르고뉴 사람을 일컫는 용어

그에게 내추럴 와인에 대한 가르침을 준 선생님이 누구였냐고 물으니, 쥐라의 전설적인 내추럴 와인 생산자인 피에르 오베르누아와 막스 레글리즈를 꼽는다. 막스 레글리즈는 양조학자로 프랑스 국립농업연구소인 INRA의 본(Beaune) 지사인 스타시옹 에놀로지크 드 부르고뉴(Station œnologique de Bourgogne)의 총책임자를 오랫동안 역임했다. 양조학자로서 이산화황을 넣지 않은 양조를 널리 알리려 애쓰고 관련 책도 저술한 바 있다. 보졸레 지역에서 내추럴 와인을 선도한 이가 쥘 쇼베였다면 부르고뉴 지역에서 외롭게 이산화황 없는 와인 양조를 주장했던 이가 바로 막스 레글리즈다. 막스는 평생 부르기뇽들의 핍박을 받았지만 이에 굴하지 않고 저술 활동 및 양조 교육을 했고, 그가 인생 말년에 가르침을 준 사람이 바로 도미니크였다.

"1990년에 내가 처음 와인을 만들던 해부터 막스가 세상을 떠나기까지 우리는 함께 했지. 그는 쥘 쇼베보다는 덜 알려졌지만 내게는 아주 훌륭한 스승이었어. 당시 막스의 휘하에는, 도멘 르루아(Domaine Leroy)의 오너인 랄루-비즈 르루아(Lalou-Bize Leroy), 장-클로드 하토(Jean-Claude Ratot), 에마뉘엘 지불로(Emmanuel Giboulot)등이 있었어. 랄루 비즈는 도멘 드 라 로마네 콩티의 총책임자였지. 당시엔 오베르 드 빌렌이 책임자가 아니었어." 부르고뉴 와인을 사랑하는 사람들에게는 이름만 들어도 설레는 기라성 같은 도멘들이 30여전 전부터 이산화황을 절제하며 비오디나미로 포도를 재배해왔다는 사실이 놀라웠다.

랄루-비즈 르루아와의 재미난 일화가 이어졌다. "어느 날 랄루-비즈와 함께 비오디나미 재료를 만들기 위해 어느 농가에 간 적이 있었어. 그때 그녀가 들고 온 와인을 거기서 같이 일하는 농부들과 함께 농가에서 사용하는, 와인 잔이라고 할 수도 없는 유리잔에 부어 마셨지. 농부가 그러더라고 '와, 이 와인 세네, 세! 근데 맛있구먼.' 그 와인이 뭐였는 줄 알아? 도멘 드 라 로마네 콩티의 본 로마네(Vosnes Romanée)였어. 하하. 랄루-비즈는 그런 사람이었어. 값비싼 와인을, 와인도 잘 모르는 시골 농부와 그 농부가 사용하는 막잔에 넣어서 거리낌 없이 마실 수 있는 사람."

막스 레글리즈와 더불어 그가 꼽은 또 한 사람의 스승, 피에르 오베르누아와의 이야기가 이어졌다. 그가 피에르를 만난 건 30여 년 전이었다고 한다. "내가 처음 와인을 만들기로 작정했을 때, 쥐라에서 이산화황 없이 와인을 만드는 사람이 있다는 이야기를 듣고 그를 찾아

알레 구통 2017 레드(피노 누아)

“의지해서 걷던 지팡이를 잃어버렸지만,
이후 다른 방법으로
스스로 걷기 시작한 셈이니까.”

갔지. 그때 피에르와 엄청나게 긴 대화를 나눴어. 그러고 나서야 나는 비로소 내추럴 와인에 대해 이해를 했던 것 같아.” 그는 피에르에게 얻어온 통찰력과 막스 레글리즈를 통해 배운 지식을 함께 실현하고자 했다. “막스는 내가 그를 만난 지 5년 만에 돌아가셔서 더 이상 배울 수가 없었어. 원망도 많이 했지… 스승 요다에게 버려진 제자의 심정 같다고나 할까. 하지만 돌이켜보면, 이는 막스가 인도하던 과학적 이론에서 벗어나 나만의 방법을 찾아보게 된 계기이기도 했어. 의지해서 걷던 지팡이를 잃어버렸지만, 이후 다른 방법으로 스스로 걷기 시작한 셈이니까.”

대화의 주제는 자연스럽게 비오디나미로 옮겨갔다. “나는 와인에 대해 제대로 학교에서 배운 적이 없어. 포도밭 경작도 마찬가지야. 유기농법에 이어서 비오디나미에 곧바로 흥미를 느꼈지만, 누군가 나에게 정답을 알려주는 사람이 없더라고. 책도 읽고 여기저기 물어보기도 했지만, 결국 내 느낌과 경험대로 비오디나미 경작을 하고 있지. 쥘리앙 알타베르(Julien Altaber)[29]가 내게 일을 배우던 시절, 그는 비오디나미 경작에 대해 궁금한 것이 아주 많았어. 나는 질문에 대한 대답을 그때그때의 느낌대로 해주었는데, 희한하게도 결국은 그게 다 맞더라고. 하하.” 농담처럼 이야기를 넘기는 도미니크였지만, 나는 그의 말이 농담이 아니라는 것을 알 수 있었다. 그는 이미 비오디나미를 완벽하게 이해하고 있었던 것이다.

내추럴 와인이 주목을 받고 있는 지금과는 상황이 많이 달랐던 30년 전에 그의 와인들은 과연 시장에서 어떻게 판매가 되었을까. “30년 전의 와인 판매 방식은 요즘과는 확연히 달랐어. 그때 생 토뱅에서 만든 와인들은 거의 대부분 네고시앙에 팔렸고, 그들은 그 와인을 ‘코트 드 본 아펠라시옹’으로 이름 붙여 팔았지. 게다가 나는 대대로 내려오는 양조가 집안 출신

29 도미니크 드랭에게 사사 후 도멘 섹스탕(Domaine Sextant)을 만들었고, 2016년부터 도멘 드랭의 경영도 함께하고 있다.

이 아니라는 핸디캡도 있었고. 그리고 무엇보다 내 와인은 기존 와인과 맛이 달랐잖아. 처음 몇 년간은 판로를 찾느라 고생을 좀 했지." 그러다 1990년 중반부터 북유럽 시장에서 유기농 와인의 수요가 높아지면서 비로소 그의 와인도 판매가 되기 시작했다고 한다. 특히 1995년, 프랑스의 와인 가이드 잡지인 〈기드 아쉐트(Guide Hachette)〉에 비오디나미에 대한 특집 기사가 실렸고, 그 기사에 도미니크의 와인이 소개된 덕분에 와인의 판매 속도가 더 빨라졌다고. 그 무렵의 파리는 장-피에르 호비노(지금은 루아르에서 미네랄이 풍부하고 숙성 잠재력이 넘치는 와인을 만들고 있다)의 내추럴 와인 비스트로 랑쥬 뱅을 마지막 주자로 한 일련의 내추럴 와인 바와 레스토랑들이 한창 잘되기 시작한 시절이라, 도미니크 드랭의 와인은 금방 동이 나버리곤 했다고 한다. 사실 당시 부르고뉴에는 도미니크 외에는 딱히 내추럴 와인이라고 부를만한 도멘도 없었다. 도미니크의 와인은 지금도 파리의 주요 내추럴 와인 비스트로, 바, 레스토랑 등에 입고가 되면 얼마 지나지 않아 매진되는 인기 와인 중 하나이다.

이제 그는 공식적으로는 은퇴를 선언했다. 지난 6~7년간 그의 가르침을 받아 양조를 한 쥘리앙 알타베르에게 도멘 드랭의 소유권을 이전하는 작업을 최근에 마쳤다. 하지만 그는

여전히 도멘 드랭의 양조에 관여하고 있으며, 이전보다 부담이 줄어 한결 행복한 모습이다. "쥘리앙과 내가 늘 같은 의견인 건 아니야. 그는 그 나름의 독창성이 있으니 그건 그거대로 옳은 거지. 그러다 실수도 하고 또 배우는 거고. 어쨌든 나의 와인을 그가 계속해서 생산한다는 건 기분 좋은 일이야." "마치 피에르 오베르누아처럼?" 내가 물었다.[30] "그렇지. 다만 차이가 있다면 내가 피에르보다 머리숱이 좀 더 많을걸. 하하."

내추럴 와인 생산자 1세대로서 요즘의 내추럴 와인 업계를 바라보는 그의 시선은 꽤 날카로웠다. "요즘 내추럴 와인을 이용해 비즈니스를 하려는 사람들이 있는데, 누구라고 밝힐 수는 없지만 부르고뉴에도 있어. 그들은 홍보 비용으로 막대한 예산을 써가면서 사람들을 현혹하지만, 체르노빌 오염 수준과 다를 바 없는 수준의 오염된 포도로 와인을 만든다고! 그 와인은 홍보 비용 때문에 비싼 것일 뿐, 와인의 질이 와인 값을 상승시키진 않는단 말이지."

하지만 거침없는 그에게도 잊을 수 없는 실수가 있었다고 한다. 와인을 만들기 시작한 후

30 피에르 오베르누아 역시 자신을 도와 와인을 만들던 에마뉘엘 우이용에게 도멘을 넘겼다.

10년 정도 지나 명성을 얻고 와인이 잘 팔리기 시작할 무렵이었다 "1998년이었지. 오랫동안 거래하던 영국의 수입사에서 양조장을 방문해 아직 숙성 중인 와인들을 테이스팅했는데, 그 중 4개의 오크통에 담긴 와인 총 1,200병을 무조건 5월 중에 병입을 해달라는 거야. 원래 예정대로라면 가을에 병입을 하는 건데…. 그때 난 돈이 필요했고, 그 말을 들었지. 와인이 영국에 도착한 이후 전화가 왔어. 와인이 산화되었다는 거야. 각 와인의 특성에 맞는 정도의 충분한 숙성을 거쳐 와인이 완성된 이후에만 병입을 해야 한다는 것을 이때 혹독하게 배웠지. 게다가 난 병입 시 이산화황을 전혀 넣지 않으니, 와인의 보존을 위해서는 충분한 숙성이 전제되어야 하는 건데 말이야." 그 수입사는 자신이 일찍 병입해달라고 요구했지만, 와이너리에서 맛본 와인하고 다르다며 돈을 지불하지 않았다. "내 인생 최악의 실수였어. 고객을 잃었을 뿐 아니라, 와인에 대한 신뢰도 잃었으니까."

모든 것이 그렇다. 너무 빠르게, 성급하게 움직이면 실수가 나오는 법이다. 와인도 인생사도. 그럼 지금까지의 인생에서 최고의 순간은 언제였느냐고 다시 물었다. 돌아오는 대답이 참 그답다. "늘. 지금 이 순간도." 나는 만족스럽냐고 물었다. "행복하지. 인생은 아름다운 거니까."

대표 와인

알레 구통 Allez goûtons

지역 부르고뉴
품종 알리고테(화이트), 피노 누아(레드)

파리의 유명한 와인숍인 카브 오제(Cave Augé)와 카브 팡테옹(Cave Panthéon) 등에서 2000년대 초반, 숙성을 거치지 않은 프리머 와인을 오크통째로 들고 가서 소비자들에게 맛을 보여주던 것으로부터 유래된 퀴베로, 발효가 끝난 후 최소한의 숙성만을 거쳐 병입한 와인이다. 각종 과일 향이 넘치는 가볍게 술술 들어가는 주스 같은 와인으로 양조 과정에서는 이산화황을 전혀 쓰지 않지만, 빈티지에 따라 병입시 극소량 넣기도 한다. 원래 알리고테 품종으로 화이트 와인만 생산하다가 피노 누아로 레드 알레 구통도 생산하기 시작했다.

생 토뱅 르 방 루즈 Saint Aubin Le Ban Rouge

지역 생 토뱅, 부르고뉴
품종 피노 누아

도니미크 드랭의 첫 번째 와인으로 잘 알려진 생 토뱅의 힘있고 멋진 레드 와인. 피노 누아 특유의 영롱한 체리빛이 매혹적이며 입안에서 가득 퍼지는 붉은 과일의 육즙과 신선한 산미가 어우러져 완벽한 균형을 이루는 우아한 와인이다.

8
남들과 다른 행동이 낳은 수퍼스타
앙셀므 셀로스
Anselme Selosse

'샴페인 자크 셀로스(Champagne Jacques Selosse)'는 현재의 오너이자 와인 생산자인 앙셀므 셀로스(Anselme Selosse)의 부친인 자크 셀로스가 1949년에 창립한 샴페인 하우스로, 앙셀므는 1974년에 도멘을 물려받았다. 이후 앙셀므는 상파뉴 지역 최초로 부르고뉴 화이트 와인을 생산하는 방식을 도입했고, 각 테루아의 특징을 살린 테루아별 샴페인을 만들었으며, 포도 수확량을 줄이고 또한 최대한 잘 익은 포도를 수확하고자 했다. 이는 기존 샴페인의 생산 방식을 파격적으로 바꾼 것이었다. 그 결과, 처음부터 모든 사람들이 열광했던 것은 아니었지만 현재는 전 세계의 와인 애호가들이 소장품 목록 1호로 꼽는 샴페인을 생산하는 샴페인 생산자가 되었다.

한국에는 2019년부터 정식으로 수입이 되고 있는데, 지난 십여 년간 샴페인 자크 셀로스를 한국으로 수입하고자 하는 보이지 않는 노력이 얼마나 있었는지… 무엇을 상상하든 그 이상일 것이다.

아직은 찬 바람이 도는 2월의 어느 날, 앙셀므를 만나기 위해 아비즈(Avize)에 위치한 그의 사무실 겸 양조장 그리고 부인인 코린(Corinne)과 함께 운영하는 부티크 호텔 '레 자비제(Les Avizés)'가 있는 그의 와이너리를 찾아갔다. 기존의 샴페인과는 전혀 다른 스타일, 다른 접근, 다른 양조를 하는 앙셀므는 자신감과 특유의 호기심 어린 말투로 인터뷰 내내 신중한 답을 내놓았다. 한 치의 오차도 허용하지 않을 듯한 엄격한 와인 생산자의 모습 그대로였다.

FRANZ
KELLER
JACQUES
SELOSSE
EXQUISE

8
Anselme Selosse

앙셀므와의 인터뷰는 그가 힘주어 던진 한마디로 시작되었다. "인터넷에 떠도는 이야기들은 대부분 옳지 않아요. 그리고 와인 양조 테크닉에 대한 질문이라면 인터뷰를 거절합니다." 그와 서너 번 길고 긴 테이스팅을 했던 경험이 있어 이미 이런 그의 성향을 대략 알고 있었지만, 인터뷰를 시작하는 인터뷰어로서 적잖이 당황하지 않을 수 없었다. 살짝 놀라서 고개를 들고 쳐다본 앙셀므의 얼굴이 다행히도 웃음을 가득 띠고 있었기에 망정이지.

"나는 사실 16살이 되기 전까지는 와인이나 샴페인 혹은 주류에 관심이 전혀 없었어요. 아버지가 샴페인을 생산하고 있었지만, 16살까지 채 10잔도 안 되는 샴페인을 마셔봤을 뿐이니까요. 그러다가 와인에 관심을 갖게 된 계기가 고등학교 1학년 때 학교에서 배운 농업 관련 이론이 내 관심을 끌었기 때문이었어요. 이때 수업에서 배운 이론을 실전에서 해볼 수 있도록 전문적인 지식을 가르쳐줄 학교를 찾다 보니 본의 양조기술고등학교로 옮기게 되었죠. 거기서 나는 처음으로 와인에 대한 교육을 받기 시작한 거예요."

"1970년, 그러니까 고등학교 2학년의 나이에 와인의 길로 들어선 셈인데, 이 선택은 다른 와인 업계 청춘들처럼 술에 대한 막연한 동경에 의한 선택이 아니었어요. 저에게 있어서는 앞으로의 직업에 대한 확실한 비전을 담은 한 걸음이었죠." 결국 모든 시작은 호기심에서 비롯되었다. 그는 농업 이론에 의문과 호기심을 품었기 때문에 결국 와인의 길로 들어서게 된 것이다. 호기심이 없다면 인생은 무척 따분할 것이라며 그는 이야기를 계속했다. "20살이 되던 1974년 1월 1일에 부모님으로부터 도멘 열쇠를 넘겨받았으니… 이제 거의 50년이 되어 가

네요." 그 긴 세월 동안 지금의 선택을 후회한 적은 없느냐는 나의 질문에 "가끔 피곤하기는 했지만 후회한 적은 전혀 없어요."라는 단호한 대답이 돌아온다.

그는 시작부터 다른 젊은 샴페인 생산자들과는 달랐다. 젊은 와인 생산자들이 대개 포도밭을 사들여 부모님 때보다 더 큰 규모의 와이너리를 만드는 데 집중을 했다면, 그는 좀 더 질적으로 향상된 샴페인을 만드는 데 집중을 했다. "당시 나처럼 부모님으로부터 포도밭과 양조장을 물려받은 젊은 사람들이 많았는데, 그때는 땅을 사는 것이 대세였어요. 다들 사업을 확장하는 데 집중했죠. 하지만 나는 반대로 생산하고 있던 샴페인의 질적인 향상에 몰입했어요. 그게 내가 가장 관심이 가는 일이었으니까."

상파뉴 지역에 제초제가 도입된 것은 1958년경이었다고 한다. "당시 과학 기술에 의심을 품는 사람은 없었을 겁니다. 1969년 7월에 인간이 달에 첫발을 내디뎠잖아요? 인간은 과학이 만들어 낸 멋진 산물들을 그저 따라가기만 하면 되었죠. 우리도 당연히 처음부터 제초제를 사용했어요." 하지만 그는 곧바로 제초제 사용을 중단했고, 그 이유에 대한 앙셀므의 설명

샴페인 자크 셀로스에서 운영하는 부티크 호텔 '레 자비제'

이 이어졌다. "뭔가 이상했어요. 자연스럽지 못한 뭔가가 늘 마음에 걸렸는데, 그걸 해결하고 실천할 용기가 선뜻 나질 않았던 거죠. 마침내 1976년에 모든 화학 약품의 사용을 중단했어요. 1976년은 특히나 가뭄이 매우 심한 해였어요. 일차적인 원인이 가뭄이었다 쳐도 그해의 포도밭에서는 뭔가 이상한 게 느껴졌어요. 적어도 내게는 가뭄과 관계없이 지금 상태가 정상이 아니다, 포도나무들이 이상한 반응을 한다는 느낌이 왔죠." 앙셀므는 그 이상한 반응이 그동안 사용했던 화학 약품들 탓일 가능성이 매우 높다는 생각을 떨쳐버릴 수 없었다고 한다.

그 당시는 계속해서 진보하는 양조 기술을 찬양하고, 그 편리함과 좋은 점을 무조건 받아들이던 시절이었다. 앙셀므는 본에서 공부를 마친 후 잠시 스페인의 와이너리에 머물며 그곳의 전통 방식 양조를 배운 적이 있었는데, 그때만 해도 프랑스의 현대식 양조 기술에 비해 스페인의 양조 기술은 거의 중세 수준에 머물고 있었다고 한다. 그러니 양조자들 사이에서도 그런 곳에서는 더 배울 게 없다는 취급을 받던 시절이었다. "그런데 위기의 순간에 갑자기 그 스페인의 중세식 양조 기법이 떠오르는 거예요. 내 포도나무들이 지금 뭔가 정상이 아닌데 이를 극복할 수 있는 방법으로 내가 스페인에서 직접 배우고 보았던 아주 오래된 양조 방법을 떠올린 거죠. 참 신기하죠?"

사실 지금껏 그에게는 어떤 양조 레시피도 존재한 적이 없다고 한다. 그때그때 상황에 맞춰 적절한 대처를 했을 뿐. 1976년부터 시작된 현대 양조 기술과 화학 약품 사용에 대한 그의 의심은 결국 1995년부터 포도밭과 양조장, 즉 와인 생산의 전 과정에서 모든 화학 약품을 중단하고 이산화황 역시 거의 넣지 않거나, 혹은 아예 안 넣는 방법으로의 전환을 이끌었다. "나의 의심이 확고한 실행으로 옮겨지기까지 거의 20여 년이 걸린 셈인데, 이는 발전이 아니라 아예 다른 방향으로 변화한 것이라고 볼 수 있어요. 당시에는 그저 내가 옳다고 생각한 방향을 향해 멈추지 않고 나아갈 뿐이었어요. 상황이 좋은 결과로 끝날지 나쁜 결과로 끝날지 확신한 것은 아니었거든요."

1989년에 예술가이자 건축가인 크리스토프 위에트(Christophe Huet)가 앙셀므에게 이런 충고를 했다고 한다. "와인으로 작품을 만들려고 하지 말고, 온 힘을 다해 그 와인이 스스로를 온전히 표현할 수 있도록 해라." 앙셀므는 말을 이었다. "이를 부모 자식 사이에 빗대어 본다면, 부모가 원하는 모습으로 살아가도록 자식을 가르치지 말고, 자식이 가진 본연의 특성

"와인으로 작품을 만들려고 하지 말고,
온 힘을 다해 그 와인이 스스로를 온전히
표현할 수 있도록 해라."

을 잘 살려서 살아가도록 도와주는 것과 마찬가지예요."

그에게 많은 영향을 끼친 다른 와인 생산자들에 대해서도 물어보았다. "기본적으로는 예전의 양조 방식을 고수하던 스페인의 농부들에게 가장 많은 영감을 받았고, 프랑스에서는 작고한 안-클로드 르플레브의 아버지인 뱅상 르플레브(Vincent Leflaive, 도멘 르플레브)와 제라르 발레트(Gérard Valette, 도멘 발레트), 그리고 비교적 젊은 세대 중에서는 디디에 바랄(Didier Baral, 도멘 레옹 바랄Domaine Léon Baral)일까요? 이들 모두 나와 함께 포도밭에서 어떻게 일을 해야 하는지에 대한 비전을 나눈 사람들이에요."

사실 앙셀므가 본에서 공부하던 시절 쥘 쇼베의 연구소에서 일할 기회가 있었는데, 그는 그 기회를 잡지 않고 상파뉴로 돌아왔고, 이 부분이 아직도 아쉬움으로 남는다고 한다. 쥘 쇼베로부터 많은 것을 배우고 나눌 수 있는 좋은 기회였음이 확실하니까. "하지만 당시에는 보졸레에 있는 쥘 쇼베한테 가기보다는 부모님이 계신 상파뉴로 돌아오는 것이 이성적으로 더 좋은 판단이라고 생각했어요. 지금 와서 생각하면 무척 아쉽지만 말이에요." 이 완벽주의자한테도 후회되는 일이 있는 모양이다. 그가 쥘 쇼베의 지식을 전수받은 자크 네오포호를 만난 것은 자크가 알랭 샤펠의 레스토랑 컨설턴트로서 일할 때였으니까 그로부터 조금 더 시간이 지난 후였다고.

그는 본에서 공부하던 시절 막스 레글리즈로부터 사사를 받았는데, 그 당시 막스는 유기농 혹은 내추럴 와인 양조에 대해 열린 마음을 갖고는 있었으나 아직 완전히 전향하지는 않은 상태였다고 한다. "내가 유기농 등 자연 방식을 따르는 양조를 선택하게 된 건, 막스로부터 배운 것이 아니라 본의 양조학교에서 들었던 생태학(Ecologie) 강의로부터 비롯된 것이었어요. 당시에는 '생태'라는 단어 자체도 생소했는데, 강의 내용도 충격 그 자체였죠." 그는 이

강의에서 숲속의 각종 식물을 1미터 간격으로 관찰하는 방법을 배웠다. 이를 통해 식물들의 생태가 매우 작은 면적 단위로 어마어마하게 바뀐다는 것을 알게 되었고, 이 발견이 그를 새로운 농법으로 이끌게 되었다고 한다. "고도, 땅, 습기…식물들이 자라는 환경 안에서는 무엇이든 아주 작은 변화라도 생기면, 너무나 당연하게 식물들도 모두 변한다는 걸 깨달았어요. 바로 이게 자연이라는 것이구나 싶었죠. 산꼭대기에서 본 생태와 아래로 내려와서 보이는 생태는 확연히 다르죠? 이는 땅의 높이, 향, 돌의 종류, 땅의 상태, 그리고 그곳에 살고 있는 동식물의 형태 등 모든 것들과 관련이 있어요."

새로운 학문을 배우더라도 보통 사람들은 '아 그렇구나' 하고 이해를 하는 것으로 마무리하기 마련인데, 앙셀므는 그 발견에 충격을 받을 정도로 깊은 영향을 받았을 뿐 아니라 그 학습을 자신의 포도밭 경작에 적용해보고 새로운 변화의 바탕으로 삼았다.

어쨌든 본에서의 생태 공부는 그에게 테루아에 대한 확실하고 새로운 인식을 갖게 해 준 계기가 되었다. "장-마리 펠트(Jean-Marie Pelt), 클로드 부르기뇽(Claude Bourguignon)에 의해서도 정의가 된 바 있지만, 테루아를 결정하는 요소는 마이크로 및 매크로 유기체(Micro & macro organisme), 그중에서도 식물들이 중요 요소가 됩니다. 특히 그 식물들의 특징들이 그 땅의 무기염(sels minéraux)을 결정하기 때문이거든요. 따라서 그 땅의 자생적인 식물이나 동물들이 서식하고 자랄 수 있어야 비로소 가장 이상적인 테루아가 되는 것이죠. 이러니 나의 땅에 대한 비전이 점점 더 자연의 방향을 따르는 것으로 옮겨갈 수밖에 없지 않겠어요?"

그의 철학과 과학이 공존하는 이론을 듣고 있자니 저절로 고개가 끄덕여진다. 하지만 그는 자신의 이러한 방식이 최근 와인 업계의 논쟁 속 한가운데로 들어가는 것은 결코 원하지 않는다고 말한다. "유기농, 비오디나미, 내추럴 와인 등은 논쟁의 소지가 많을 뿐 아니라, 오히려 자유로움을 방해할 수 있으니 그러한 카테고리에는 들어가고 싶지 않아요. 나는 그저 나의 방식대로 자연스런 경작 및 테루아를 따르는 양조를 할 뿐이죠."

정해진 논쟁 혹은 카테고리 안으로 들어가는 것은 그 한계를 인정하는 셈인데, 그에게 있어서 자연은 너무나 변덕스러워서 한계를 정할 수가 없는 것이다. 따라서 한계를 정할 수 없는 것에 인위적으로 한계를 정한다는 자체가 어불성설이라는 것이다. "2016년과 2017년의 자연을 봅시다. 샤블리와 부르고뉴에서 일어난 일들을 예로 들면, 결국 농부로서 우리가 할 일은 그저 자연을 따라가는 것 아니었나요? 할 수 있는 게 거의 없었지요. (이 두 해에는 특히 냉해가 심해서, 샤블리나 부르고뉴의 많은 지역에서의 손실이 70~100퍼센트에 달했다.) 인간은 늘 표준화를 하려고 하는데, 이는 변덕스러운 자연을 중간 정도의 수준에 맞춰서 정하는 거예요. 나는 절대 그러고 싶지 않아요. 약간의 조정을 통해 그저 내가 속한 자연을 최상의 상태로 가꾸고 싶은 것뿐이죠. 물론 이것도 거대한 자연재해 앞에서는 딱히 할 수 있는 일도 없지만요."

"그동안 계속해서 화학 약품을 사용해 각종 병충해로부터 안전한 방법으로, 그리고 편리한 방법으로 포도 경작을 해왔던 밭이 있다 칩시다. 병이 들면 화학 약품을 쓰고, 미리 예방하는 약도 쓰고, 물론 제초제도 쓰고요. 그러다가 어느 날 농부가 이러한 방식을 버리고 자연의 위험에 그대로 노출된 방식으로 포도를 경작하기로 한다면, 그는 어떻게 해야 할까요? 우선 포도밭을 관찰하는 시간을 어마어마하게 늘려야 할 것이고, 그동안 자주 가보지 않아도 되었던 포도밭에 자주 찾아 가서 혹시나 무슨 문제가 없나 포도나무를 살펴봐야 할 거예요. 그것만으로도 일이 몇 십 배로 늘어나는 거죠."

하지만 그는 비오디나미 농법처럼 미리 대비하는 방식의, 즉 자연의 움직임에 적극적으로 관여하는 농법에 그다지 찬성하는 편은 아니다. "예를 들어 유기농으로 경작을 하는 포도밭에 문제가 생겼을 때, 질소나 칼륨, 철, 구리 같은 물질을 밭에 사용하죠? (실제로 유기농법에서는 화학 약품보다는 이러한 원재료들을 사용한다.) 사람들은 당연히 포도나무를 위한 것이라고 생각할 것이고, 비오디나미 농법을 하는 농부들도 마찬가지로 이러한 물질이 들어간 무엇인가를 준비해 '미리' 예방 차원에서 사용할 텐데, 저는 과연 그것이 정말 포도나무에 유익한 것일까 하는 의문이 들어요. 혹시 포도나무가 그해의 자연 환경에 스스로를 맞춰가고 있었는데, 인간이 미리 예방 차원의 조치를 함으로써 오히려 식물이 스스로 적응할 수 있는 기회를 빼앗아 전혀 다른 방식으로 변화하게 만드는 것은 아닐까 하고요."

"식물들이 자라는 환경 안에서는
무엇이든 아주 작은 변화라도 생기면, 너무나 당연하게
식물들도 모두 변한다는 걸 깨달았어요."

샴페인의 1차 발효가 진행되고 있는 대형 오크통

농법에 대한 그의 이런 확고한 생각은 생태계 전반에 대한 전방위적 사고에 기인한 것이었다. "아까 이야기했던 숲을 다시 생각해봅시다. 포도밭에서 불과 얼마 안 떨어진 숲의 환경은 이런저런 자연의 악재에도 너무나 잘 지내고 있으니 말이죠. 하지만 그 숲에서 멀지 않은 위치에 있는 포도밭은 사람이 예방 차원에서 자꾸 무엇인가 조치를 취하고 있으니… 포도밭이 자연 상태로 잘 지내고 있다고만 생각하기는 어렵지 않을까요? 물론 나도 해마다 포도나무에 가지치기를 해주고 있기 때문에, 이런 이야기를 할 입장이 아닐 수도 있지만요. 하하." 숲에 자생하는 나무의 열매를 따는 것처럼 포도나무도 그저 자연 속에 그대로 두고, 해마다 자연스럽게 열린 포도를 수확하는 방식을 쓴다면 어떤 결과가 나오게 될까. 문득 루아르에서 최소한의 개입을 하며 포도밭 경작을 하는 제롬 소리니(Jérôme Saurigny)가 떠올랐다. 최근 그의 경작 방법은 거의 방치 수준이기 때문이다.

앙셀므가 상파뉴 지역의 다른 와인 생산자들의 방식과 전혀 다른 방식으로 포도를 재배하게 된 계기는 의외로 무척 개인적인 이유에서 비롯되었다고 한다. 그는 평생을 광장공포증을 안고 살고 있는데, 사람이 많은 곳, 특히 공항 같은 곳에서 보딩을 위해 줄을 서게 되면 식은땀이 계속 나고 심각하게 불안감을 느낀다고 한다. "광장공포증은 내 인생의 모든 면에 영향을 미쳤는데, 이 때문에 나는 집단으로 해야 하는 일은 되도록 피하고, 오로지 한 가지 선택만을 해야 하는 있는 일도 피하게 됐어요. 즉 누구나 사용하는 기존의 포도 재배 방식, 양조 방식은 나의 이런 성향상 피해야만 하는 일이기도 했죠."

그는 1976년에 이미 와인 양조 시 누구나 하던 필터링을 멈췄고, 1980년부터는 자생 효모만을 양조에 사용했다고 한다. 즉, 지금도 널리 쓰이는 배양 효모를 전혀 쓰지 않았다. 그 당시 상파뉴 지역에서 배양 효모를 넣지 않고 발효를 시도한 건 당신이 처음 아니었느냐는 나의 질문에 "내가 먼저, 그리고 나 혼자 그렇게 했다는 건 중요한 게 아니에요."라는 대답이 돌아온다. 그가 이런 방식을 쓰는 이유는 그 해 수확한 포도의 캐릭터를 있는 그대로 유지하고 싶어서란다. 배양 효모가 포도 고유의 특성을 변형시킬 수 있기 때문이다. "사실 포도의 숙성은 주관적일 수 있죠. 설탕의 양이나 산도 같은 것을 떠나서 예를 들어, 나에게 있어 포도의 숙성도는 '새콤하면서 달콤하게 맛있느냐' 혹은 '과즙이 많은가'로 결정됩니다. 물론 이외에도 껍질의 색상, 씨의 상태, 포도 꼭지의 상태도 중요한 척도가 되겠죠."

"매우 건강하고 싱싱한 포도가 있다면 구태여 이산화황을 넣을 필요가 있을까요?"

그가 판단하기에 최고로 잘 숙성된 포도는 1980년산 포도였고, 따라서 그는 1980년부터 배양 효모를 배제하고 포도에 붙어 있는 천연 효모에만 의존해서 알코올 발효를 하기 시작했다. 그렇다면 이산화황의 사용은 언제 어떤 이유에서 그만두게 되었을까? "어느 날 쥘 쇼베 밑에서 일을 했던 사람을 알게 됐는데, 그가 일하는 방식이 내가 전에 스페인에 있을 때 목격했던 오래된 방식과 유사했어요. 자연적인 포도 재배, 첨가물을 넣지 않는 양조 과정, 와인의 산화를 그대로 두는 숙성 방식 등이었죠."

그는 스페인 체류 중에 어느 오래된 와이너리에서 맛본 와인이 가장 기억에 남는다고 했다. 그 와인은 산화 풍미를 지닌, 아주 잘 익은 포도로 만든 와인이었다. "그 와인은 이산화황 사용을 극도로 제한하고, 산화된 풍미를 살리는 양조 방식으로 만든 거였어요. 그 와인의 맛이 내 머릿속에 아주 오랫동안 각인될 정도로 좋았죠. 스페인 체류 전에 내가 부르고뉴에서 배운 양조 지식은 이런 산화된 맛을 극도로 혐오하고 절대로 따르면 안 되는 양조 방법이라고 했는데도 말이에요." 그때까지 배워온 모든 것과 맞지 않음에도 불구하고 앙셀므는 여전히 스페인에서 맛본 그 와인이 지금까지 마신 와인 중에서 최고였다고 한다. 따라서 그 와인을 맛보고 난 후 자신의 양조에도 이산화황 사용을 제한하기 시작했다.

이산화황 사용에 대한 앙셀므의 견해가 이어졌다 "와인 생산자는 자신의 포도밭을 정확히 꿰뚫고 있어야만 이산화황 사용을 현격히 줄이거나 아예 사용을 안 할 수 있어요. 기후 같은 특정 원인으로 포도나무가 스트레스를 받고, 이로 인해 산화에 취약한 포도가 생산되었다면, 이 경우에 이산화황을 사용하지 않고도 제대로 된 발효가 일어날 수 있을지 모든 것을 꿰뚫고 있어야 상 수프르 와인을 만들 수 있는 거예요. 반대로 매우 건강하고 싱싱한 포도가 있다면 구태여 이산화황을 넣을 필요가 있을까요?"

사실 여기에는 취향의 문제도 있다. 어떤 사람은 생선이나 고기를 날것으로 즐기지만, 어떤 사람은 이를 매우 싫어하기도 한다. 따라서 이산화황을 쓰지 않은 와인은 앙셀므에게는 취향에 따른 선택의 문제이며, 이를 위해서는 완벽하게 온도 통제가 가능한 운송 과정, 적정 조건의 저장고, 적절한 방식의 소비가 필요하다고 한다.

하지만 샴페인에는 기본적으로 이산화탄소가 포함되어 있으니, 와인이 산화되지 않도록 자연적인 보호가 된다. 그러니 샴페인이야말로 이산화황 없이 생산하기에 좋은 조건의 와인이 아닐까? 나의 질문에 앙셀므는 나직히 대답했다. "효모는, 특히 자연 효모는 발효 과정에서 자연스럽게 이산화황을 생산합니다. 아무리 이산화황을 넣지 않고 양조를 해도, 와인을 만들면서 일정량이 자체적으로 생산이 되지요. 물론 이산화황을 인공적으로 넣는 것과 자연적으로 생기는 것은 완전히 다르긴 하지만요." 앙셀므는 재차 강조했다. "하지만 지금 이야기하는 건 양조 과정에서 생기는 이산화황에 대한 것이고, 양조가 끝난 후 2~3년 후에도 이산화황이 남아 있다면 이는 확실하게 자연 발생이 아닌 주입된 것이죠. 그리고 확실하게 해둘 것이 있는데, 어떤 양조학 연구실에서도 어느 와인에 이산화황을 넣었는지 아닌지는 알아낼 수가 없어요."

샴페인 자크 셀로스의 6가지 '리유 디(Lieux-Dits)' 그랑 크뤼 와인 중 하나인 '레 샹트렌(Les Chantereines)'

예를 들어 2016년에 앙셀므는 50헥토리터의 이산화황 무첨가 와인(2차 발효 전의 와인. 뱅 클레흐vin clair)를 생산했는데, 연구실에서는 함유량이 10밀리그램이라고 분석을 했다고 한다. 이런 결과가 나온 이유는 그 이하로는 수치로는 측정하는 것이 불가능하기 때문이다. 반면에 2017년은 서리 냉해에다 스즈키 초파리의 습격 때문에 박테리아 위험도가 높아서 양조 과정에서 이산화황을 쓸 수밖에 없었다. 하지만 소량을 썼기 때문에 이산화황을 전혀 사용하지 않은 2016년 와인과 분석 결과가 거의 비슷했다. 이를 거꾸로 해석하면 이산화황을 소량 첨가하는 방식으로 양조를 하고, 이산화황 무첨가 양조라고 주장할 수도 있다는 것이다.

물론 이산화황을 쓰지 않고도 박테리아를 손쉽게 제거할 수는 있다. 수확한 포도를 70도까지 온도를 올려서 저온살균(pasteurization) 하는 것이다. 또한 배양 효모 중에는 이산화황을 사용하지 않더라도 발효를 조절할 수 있는 신종 효모도 출시되었다고 한다. 내추럴 와인이 전 세계적으로 트렌드가 되고 수요가 늘어나다 보니, 이런 엉터리 방식까지 생겨나고, 이를 이산화황 무첨가 내추럴 와인이라며 마케팅을 하는 촌극이 벌어지는 것이다.

남들과 명백하게 다르게 가는 행보는 질투를 부르는 법인데, 그렇다면 그는 어떻게 주변 사람들과의 관계를 이끌어왔을까. "나는 질투를 모르는 사람입니다. 질투의 개념 자체가 없어요. 그러다 보니 다른 사람들의 시선도 전혀 의식하지 않아요. 내가 남들과 다르다고 사람들이 나를 소외시킨다면 오히려 고맙죠. 저는 혼자인 걸 좋아하니까 말이에요."

남들과 다른 방식으로 만든 그의 샴페인은 처음부터 잘 팔렸을까? "하하. 25년 걸렸어요. 25년이 지나서야 더 이상 와인이 없어서 못 팔 정도가 됐고, 그다음 해 출시까지 다들 기다려야 하는 상황이 되더군요." 그가 힘든 25년을 버틴 것은 이탈리아의 와인 시장과 파리의 와인숍인 카브 르그랑(Cave Legrand) 덕분이라고 한다. 그들은 처음부터 앙셀므의 와인을 이해했고, 샴페인 자크 셀로스가 명성을 얻기 훨씬 전부터 꾸준히 구입을 해왔다. "그들 덕분에 내가 지금까지 샴페인을 만들고 있는 겁니다." 그가 남들과 다른 방법으로 포도밭을 경작하고 다른 방식으로 와인을 만들었을 때, 이를 알아보고 소비해주는 사람들이 없었다면 현재의 샴페인 자크 셀로스의 명성은 존재하지 않았을 것이다. 샴페인 자크 셀로스의 총생산량 중 상당한 양이 어째서 이탈리아를 향하는지 이해가 되는 대목이었다.

하지만 그가 인터뷰 마지막에 던진 말은 다시 한번 나를 놀라게 했다. "나는 와인에 대한 충성도가 없어요. 평소에는 와인을 전혀 마시지 않거든요." 그렇다. 그의 와인 인생에 대해 긴 시간을 함께 이야기를 나누는 동안 우리의 테이블 위에는 와인과 샴페인 모두 존재하지 않았다. 그의 진중한 얘기들에 심취해 듣다 보니, 아예 와인을 청할 생각조차 못 했던 것이다! 그가 평소에 와인을 잘 마시지 않는 이유는 무엇일까? 설마 와인을 싫어하는 걸까? "싫어하지 않아요. 다만 저는 늘 제 와인에 객관적이 되고 싶어서예요." 대단한 성공 뒤에는 이런 엄격한 노력이 함께하는 법인가 보다.

샴페인 대가와의 긴 대화를 마치고 다시 파리로 돌아오며, 나는 그의 자연을 향한 존중과 진지한 마음 그리고 매우 철학적이었던 대화를 곰곰이 되새겨보았다. 그와 함께 샴페인 잔을 기울였더라면 우리의 진지한 대화도 좀 더 가벼워질 수 있었을까. 최소한 그의 이야기에 대한 집중도는 조금 떨어졌을 수도 있겠다. 언제나 모든 상황을 계산에 넣는 완벽주의자 앙셀므 셀로스. 그가 오늘의 명성을 얻게 된 것은 우연이 아님이 확실하다.

대표 와인

이니시알 블랑 드 블랑 브륏 Initial Blanc de Blancs Brut

지역 상파뉴
품종 샤르도네

'최대한의 생산'을 최우선시했던 1980년대의 포도 재배 경향에서 탈피하여, 앙셀므는 비오디나미 농법을 쓰고, 화학적인 처리를 철저하게 배제하여 낮은 소출량으로 높은 수준의 포도를 재배하였다. 테루아를 직접적으로 드러내는 양조 방식을 사용한, 산화를 통한 강렬함을 기반으로 한 샴페인이다.

수 르 몽 엑스트라 브륏 Sous le Mont Extra Brut

지역 상파뉴
품종 피노 누아

부르고뉴 화이트 와인의 명가에서 배운 양조 기술을 바탕으로 만든 6가지 리유 디(Lieux-Dits) 시리즈 중의 하나로 2010년부터 시작된 '순수한 떼루아란 무엇인가'에 대한 그의 대답과 같은 와인이다. 씨간장 개념의 리저브 와인을 새로운 빈티지와 함께 섞어 만들어지며, 한 빈티지의 특성만을 와인에 반영하기보다는 2005년부터 지속적으로 만들어 온 리저브 와인을 바탕으로 한 '테루아 자체를 담은' 샴페인의 걸작 중 하나이다.

9
루아르의 자유로운 영혼이자 타고난 투사
올리비에 쿠장
Olivier Cousin

Olivier Cousin

프랑스 루아르 지역의 중심 도시인 앙제(Angers)에서 남쪽으로 30분 남짓 떨어진 지역. 올리비에 쿠장(Olivier Cousin)은 그곳에서 1980년대부터 포도밭을 일구고 와인을 만들어왔다. 그는 와인 생산자이기 이전에 대단한 모험가이자 항해사로, 육십이 넘은 나이인 지금도 일 년에 두세 달은 사랑하는 아내인 클레르와 함께 엔진이 없는 돛단배를 타고 지구 구석구석을 항해하곤 한다. 그가 엔진이 없는 배를 타고 여행하는 이유는 가솔린으로 움직이는 모터 엔진이 지구 환경을 오염시키는 주범 중 하나이기 때문이다.

아버지가 아닌 할아버지에게서 와인 양조와 삶의 철학을 배운 그는 (대부분의 1세대 내추럴 와인 생산자들이 그러하듯) 처음부터 주변의 다른 와인 생산자들과는 다른 방식으로 행동해왔고, 정부 기관과의 오랜 법정 싸움으로 대중들에게 눈도장까지 제대로 찍혔다. 그가 법정에 출두하던 날, 그는 평소 자신의 포도밭 경작에 이용하는 말을 타고 나타났고, 이 장면은 각종 미디어에 그의 오랜 투쟁 이야기와 함께 대서특필되었다. 그의 행동이 내추럴 와인에 대한 대중적 관심을 끌어오는 중요한 계기 중 하나가 된 것이다.

마르티네-브리앙(Martigné-Briand)이라는 루아르의 작은 마을에 자리 잡고 있는 올리비에의 와이너리에서는 포도뿐 아니라 보리, 귀리 등의 다양한 작물을 함께 재배하고, 기름을 얻기 위해 해바라기도 재배한다. 즉 자급자족에 필요한 모든 것을 그는 직접 생산하며 생활하고 있다. 그리고 와인 양조가 끝나면, 그는 곧바로 배를 타고 길을 떠난다. 그가 재배한 곡물과 와인을 배에 싣고서. 젊은 시절 17헥타르까지 일궜던 올리비에의 포도밭은 몇 년 전부터 큰아들인 바티스트에게 조금씩 물려주기 시작해 현재는 3헥타르 정도만을 직접 경작하고 있다. 이제는 천천히 은퇴를 준비하고 있다는 그를 만나 드라마틱했던 삶에 대한 이야기를 들어보았다.

올리비에 쿠장의 와인 '르 프랑(Le Franc)'

Natural Winemakers

9
Olivier Cousin

21세기를 살아가면서 휴대전화를 사용하지 않는 사람은 아마 거의 없을 것이다. 한창 일을 하고 있는 나이라면 더더욱. 올리비에 쿠장이 바로 그 드문 사람들 중 한 사람이다. 오랜 기간 INAO(프랑스 원산지통제명칭 기구)와의 분쟁으로 유명세를 톡톡히 치른 올리비에. 이겼다고도 졌다고도 말할 수 없는 긴 법정 싸움을 하느라 많은 돈이 들었지만, 그는 전혀 개의치 않는다. 그저 꽉 막히고 불합리한 관료주의에 한 방을 먹였다는 데 의미를 둔다. 인터뷰를 위해 만난 그는 일단 와인이나 한잔하자며 지하 카브로 나를 이끌었다. 그의 둘째 아들이 올해 런던에서 결혼을 했는데, 결혼식 때 사용한 특별한 와인을 맛보여준단다.

"런던의 와인 레스토랑에서 일하는 아들 클레망의 결혼식이니 당연히 뭔가 의미 있고 특별한 와인을 가지고 가고 싶었지. 그래서 고심을 하다가, 발효가 시작된 지 2년이 다 되어가지만 완전히 끝나지 않아서 골머리를 썩히고 있던 2017년 와인과 7년 가까이 오크통에서 숙성 중이던 2013년을 섞어보았어. 그러니까 맛이 딱! 좋더라고. 그래서 두 와인을 섞은 오크통을 나의 엔진 없는 돛단배에 싣고 도버해협을 건너 런던에 갔어." 2013년은 그의 첫 손자가 태어난 해이기도 해서, 올리비에는 이 와인을 10년간 숙성한 후 병입하고, 다시 10년간 병에서 숙성한 다음 손자가 20세 되는 해에 선물로 줄 생각이라고 한다. 와인 생산자들만이 할 수 있는 참으로 낭만적인 방법의 '축 탄생' 그리고 '축 결혼'이 아닌가.

청량함과 무게감을 함께 갖춘, 둘째 아들 결혼식에 썼던 와인을 한 모금 맛보여준 그는 이어서 레이블도 없이 오래되어 보이는 병을 열었다. "사실 나는 내 와인 파는 것을 별로 좋아

하지 않아. 와인을 병입할 때가 되면, 일단 나와 아내를 위해 와인을 얼마나 남겨둘까부터 고민을 하지. 그러고 나서 남은 와인을 파는 거야. 지금 오픈한 와인은 2006년 슈냉 블랑인데 내 마지막 화이트 와인이야. 마지막이라 조금 넉넉하게 남겨 두었는데, 이제 벌써 몇 병 안 남았어." 그에게 큰 의미가 있는 둘째 아들의 결혼식용 와인과 그의 마지막 화이트 와인을 마셔보다니… 뭔가 큰 선물을 받기라도 한 것 같았다.

"내가 와인을 1980년부터 만들기 시작했으니… 2006년까지 만들었으면 충분하지 뭐. 지금 그 밭은 큰아들인 바티스트가 경작하고 와인을 만들고 있어." 그의 큰아들인 바티스트 쿠장(Baptiste Cousin)은 그 아버지에 그 아들이란 평을 넘어 청출어람이란 평가까지 받고 있는 젊은 와인 생산자이다. 아들 이야기를 하면서 그는 1980년에 포도를 수확하던 모습이 담긴 사진을 꺼내 왔다. "그때 바티스트는 이렇게 어렸어. 그런데 지금은 사진 속의 그 밭을 직접 일구고 와인을 만들지." 올리비에의 큰아들인 바티스트는 와인을 만들고, 둘째 아들인 클레망은 그 와인을 런던에서 판매하며, 외동딸인 마틸드는 그가 만들다 실패한 와인들을 숙성해 식초로 만들어 판매를 하고 있다.

와인을 만들기 전의 그는 대체 어떤 사람이었을지 궁금했다. "나는 말을 안 듣는 학생은 아니었지만 공부보다는 모험, 탐험과 관련된 책에 완전히 몰두한 학생이었지. 특히 모터 없이 돛으로 이동하는 배를 타고 모험하는 이야기를 좋아했는데, 결국 그것을 실행에 옮기기로 작정을 했어. 나는 17살에 배로 항해를 할 수 있는 모든 면허증을 땄고, 20살에는 7미터 정도 되는 작은 배를 직접 만들었어. 그리고 21살에는 대서양을 횡단했지. 이 모든 걸 혼자서 말이야. 하하." 듣고 보니 정말 자유롭고 특별한 삶을 살아온 것이 확실하다. 보통 사람들에게 하고 싶은 일이나 희망이란 그저 꿈으로 끝나는 경우가 대부분인데 올리비에는 어린 나이에 이를 실행에 옮길 수 있는 의지와 추진력이 있었으니 말이다. "대서양 횡단에 성공한 이후 나는 다시 길을 떠났지. 포르투갈, 모로코, 카나리아 제도, 아프리카를 거쳐 브라질까지 갔어. 한 2년 걸렸나? 그런데 브라질의 기아나령(프랑스령)에 도착했다가 프랑스 헌병에게 붙잡히고 말았지. 20살부터 배를 타고 여행을 다니느라 국가에서 지정한 병역 의무를 못 했던 거야. 아니 사실은 까맣게 잊고 있었지. 2년 동안 배를 타고 계속 세계를 떠돌았으니까. 하하." 결국 그는 기아나령에서 1년간 병역 생활을 한 후 프랑스로 돌아와 본격적으로 와인을 만들기 시작했다. 그때가 1985년이었다.

"와인 양조는 할아버지 때부터 시작했는데, 그때는 다들 두 개의 직업을 갖고 있었어. 목수, 미용사, 제빵사 등의 직업을 갖고 있으면서 부수적으로 와인을 만들었던 거지. 적어도 앙주(Anjou)[31]에서는 다 그랬어. 우리 할아버지는 목수였는데, 포도밭 12헥타르를 3명의 일꾼을 고용해 경작했지. 그렇게 만든 와인을 전량 네고시앙에 파셨어. 아버지는 와인 양조에 전혀 관여를 안 하셨고, 나는 용돈을 벌려고 1980년부터 포도밭에서 일을 시작했지. 그때부터 돈이 필요하면 밭에서 일을 하고, 돈이 생기면 배를 타고 떠나는 생활을 했지. 할아버지도 나의 방랑자 기질을 잘 알고 계셨는지 떠나는 걸 잡지 않으시더라고. 하하.

할아버지 때부터 우리 포도밭에서는 그 어떤 화학 약품도 사용하지 않았어. 양조 과정에서 사용한 이산화황도 아주 소량이었지." 언제부터 와인을 내추럴 방식으로 만들었는지에 대한 나의 질문에 그는 처음부터였다고 답했다. "당시 할아버지는 모든 것을 자체 생산하고 소비하는 삶을 추구하셨는데, 아, 그건 내가 제대로 물려받았지. 아무튼 화학 약품이나 이산화황을 와인에 넣으려면 그것들은 자체 생산이 불가능하니까 구매를 해야 하잖아? 이는 할

31 앙제(Angers)를 수도로 삼았던 프랑스 중세 공국의 이름으로, 공국은 사라졌으나 여전히 그 지역 사람들은 앙제라는 이름을 사용하고 있다.

"내 와인은 최소한 모두와 나누면서 순환되는 와인이니까."

아버지의 자급자족 원칙에 위반되는 것이니 당연히 화학 약품을 사는 것도 쓰는 것도 거부하셨고, 이산화황도 불가피한 경우 최소량만 구입해서 사용하셨던 거지. 그런데 내가 1987년에 배양 효모를 살 뻔한 사건이 있었어."

이미 지금까지 들은 이야기만으로도 충분히 드라마틱한데, 그가 직접 '사건'이라고 이야기하니 더욱 흥미진진했다. "그 배양 효모라는 것이 꽤 신기하더라고. '발효 잘 되게 해주세요'라고 하늘에 대고 빌 필요가 전혀 없는 신기한 물건이랄까. 그냥 넣기만 하면 발효가 저절로 다 끝나. 게다가 제초제는 또 얼마나 신기해. 그걸 뿌리고 나면 나는 밭에서 몇 달간 일하는 대신 얼마든지 배를 타고 여기저기에 갈 수 있었어. 그런데 할아버지가 말리셨지. 배양 효모를 왜 사용을 하느냐, 포도를 잘 길러서 수확한 다음 양조통에 넣고 기다리면 되는데 그걸 못 참고 왜 배양 효모를 쓰느냐고. 그리고 제초제를 사용하면 일꾼들이 할 일이 없어진다며 못 쓰게 하셨어. 나는 당시 할아버지의 깊은 뜻은 모르고, 그럼 일꾼을 줄이면 되는 거 아니냐고 했지. 그러자 할아버지는 그럼 그 일꾼은 무엇을 해서 먹고사느냐고 되물으셨어."

그의 할아버지가 운영하던 목공소에는 일꾼 15명이, 포도밭에는 3명이 상주하고 있었다고 한다. 앙주의 작은 마을에서 그의 할아버지는 마을 사람들의 생계를 책임져야 한다는 사명을 가진 사람이었다. "할아버지는 사람들의 생계를 위해 적어도 20명은 채용을 해야 한다는 멋진 생각을 갖고 계셨던 분이었어. 나는 그런 분에게 일을 배워서 그런지 요즘 사람들의 일하는 방식이 정말 마음에 안 들어. 각종 기계를 사용해서 와인 양조를 혼자 다 하려는 사람들. 게다가 그들의 와인이 잘 안 팔리니 나한테 찾아와서 묻곤 해. 왜 내 와인은 잘 팔리는지 말이야. 대놓고 이야기는 못 하지만, 내 와인은 최소한 모두와 나누면서 순환되는 와인이니까. 수확철에 나는 일꾼 20명 정도를 고용해 수확을 하는데, 그들이 내 와인을 마시며 기뻐

하고, 또 그게 퍼져나가서 나의 와인을 구입하는 사람들이 계속해서 생겨나고. 근데 그런 나눔과 순환을 기계가 할 수 있겠어? 이런 단순한 논리를 요즘 사람들은 이해를 못 해."

할아버지로부터 배운 나눔의 철학 위에 그의 생각을 더해 거침없이 털어놓는 올리비에를 보면서, 그가 그동안 보통 사람과 얼마나 다르게 행동하며 살아왔을지 짐작이 되었다. "하지만 나에게도 철없는 젊은 시절이 있었어. 할아버지의 밭 12헥타르와 내가 구입한 5헥타르, 총 17헥타르의 포도밭을 일궜는데 대부분의 와인을 네고시앙에게 팔았거든. 그러다 보니 나는 늘 가난했어. 기계도 쓰지 않고 제초제도 사용하지 않으니 생산 원가는 다른 곳보다 월등히 높은데, 네고시앙에서는 와인 값을 더 높게 쳐주질 않았거든. 당시 집에 생활비를 가져간 적이 거의 없었던 것 같아.

그래서 할아버지가 돌아가신 1992년에 나는 포도를 수확하는 기계를 구입했어. 할아버지 생전에는 제초제나 기계를 구입하는 건 꿈도 꿀 수 없었으니까… 하지만 되돌아보면 철없는 젊은 시절의 객기였지." 나는 그 행동이 철없는 객기였다고는 생각되질 않았다. 오히려 더 편리한 삶을 위해 누구나 당연히 고려할 수 이성적인 판단이 아닌가. 하지만 그가 수확용 기계를 구입한 것을 알게 된 마을 사람들이 모두 몰려와 그의 집 앞에서 항의를 했다고 한다. "사람들이 마을 광장에 모여서 '포도 수확 기계는 죽어라! 기계 안 쓴 와인 좋은 와인, 기계 사용한 와인 나쁜 와인!'을 외쳐대는 거야. 뭐… 그걸 보고 내 생각을 바로 바꿨지. 그 기계는 바로 되팔아 버렸어. 하하"

"이 고장에 농경과 관련된 모든 나쁜 습관들이 시작된 것은 80년대였어." 화학 비료나 제초제뿐 아니라 수없이 세분화된 농경 기계들까지 그는 모두 나쁜 습관이라고 말했다. "80년대 이전에는 마을 사람들 모두가 10헥타르 미만의 땅을 실질적으로 소유하고 직접 경작을 했거든. 이른바 장인(artisan)들이었지. 그러다가 80년대에 들어오면서 온갖 기술과 외놀로지(Oenologie, 양조학)가 개발되었고 범람하게 되었어. 에밀 페노(Emile Peynaud)[32]가 그중에서도 제일 나쁜 사람이야. 그는 와인을 만들 때 천연 효모를 사용하면 안 되고 배양 효모를 사용해야 한다고 학교에서 가르치면서, 제초제 사용도 강력히 추천했지. 궂은 농사일에서 해방될 수 있다는 달콤한 유혹과 함께 말이야. 결국 부유한 사람들이 먼저 앞다투어 비싼 제초

32 1912-2004. 보르도 양조학 교수로 재직하면서 양조 기술을 현대화시켰고, 현대 양조학의 아버지로 불렸다.

제와 농업용 기계들을 구입하기 시작했고, 밭에 기계가 다니게 하려니 더 이상 쟁기질도 할 수가 없었어. 땅이 딱딱하게 굳어 있어야 기계가 쉽게 오갈 수 있으니까. 쟁기질로 땅을 푹신푹신하고 공기가 잘 통하게 만들어 놓으면, 무거운 기계는 그 길로 다닐 수가 없어. 거기서부터 악순환이 시작된 거지. 땅은 더 이상 숨을 쉴 수 없게 되니 유용한 미생물 숫자가 급감했고, 제초제 사용 때문에 발효에 필요한 충분한 양의 효모가 자라질 못하니 배양 효모를 사용할 수밖에 없고…"

"할아버지가 돌아가시기 전까지, 나는 80년대부터 우리에게 들이닥친 기계화와 현대화 농법이 잘못되었다는 것을 깨달을 충분한 시간이 있었어. 정말 다행이지. 물론 나 역시 포도 수확 기계를 사는 잘못된 행동을 한 적이 있었지만… 그 후로는 네고시앙에 헐값으로 와인을 판매하기보다는 다른 경로로 와인을 팔기 시작했는데, 오히려 그게 더 잘 되는 거야. 흥미로운 사실은 당시 나의 와인을 즐겁게 사서 마신 사람들은 모두 와인을 전혀 모르는 사람들이었다는 거였어. 파리에 와인을 오크통째 싣고 가서 그 자리에서 병입해 파는 이벤트를 몇 번 했는데, 그게 아주 반응이 좋더라고. 나의 새로운 판매 방식은 그렇게 서서히 자리를 잡아갔지." 거의 대부분의 내추럴 와인 입문 사례가 그렇듯, 기존의 와인에 대한 큰 지식이나 경험이 없는 사람들일수록 내추럴 와인을 더 쉽고 편안하게 받아들이는 듯하다. 이미 고정관념이 생긴 입맛이 아닌, 와인을 처음 접하는 순수한 미각을 통해, 마시기 편하면서도 화학 약품이 들어가지 않은 내추럴 와인을 있는 그대로 받아들이기 때문일 것이다. 그런데 당시 올리비에가 이렇게 재미난 방법으로 판매한 와인은 내추럴 와인이었을까?

"내추럴? 그게 뭔지 정확히 아는 사람이 있어? 나는 내 와인을 내추럴 와인이라고 부른

"내추럴 와인에 대한
구체적인 정의를 내리는 순간
우리는 그 규정이라는 새장에 갇힌 새가 되는 거야."

2019년에 처음 시도하는 조지아산 크베브리(Qvevri, 양조용 커다란 토기)를 이용한 발효. 한국의 김장독처럼 땅에 묻어서 사용한다.

적이 없어. 예를 들어, 내 와인 중 카베르네 프랑으로 만든 퓌르 브르통(Pur Breton)이 있는데 여기서 'Pur(pure)'가 내추럴의 완곡한 표현인 거지. 사실 와인이라는 존재 자체가 내추럴하지 않은 거잖아. 포도나무를 말 그대로 자연스럽게 내버려 뒀다가 포도가 익어서 떨어지면 와인을 만들어야 진정한 내추럴인 거 아니야? 포도밭을 경작하고 가지치기를 하고 포도를 따고 이런저런 양조를 하고… 이미 내추럴한 과정이 아닌 거야." 이 말을 마치고 그는 한바탕 크게 웃었다. 현재 '내추럴 와인'을 둘러싸고 벌어지는 업계의 다양한 갑론을박… '내추럴 와인은 이래야 한다, 저래야 한다, 이러면 안 된다, 저러면 안 된다' 같은 논쟁에 자신은 전혀 관심이 없다고 에둘러 말하는 것 같았다. "나한테 내추럴 와인이 무엇인지 묻는 사람도 많았고, 협회를 만들자는 생산자들도 많았어. 그런데 그거 알아? 내추럴 와인에 대한 구체적인 정의를 내리는 순간 우리는 그 규정이라는 새장에 갇힌 새가 되는 거야. 나는 절대 그 갇힌 세상으로 들어갈 생각이 없어." 내추럴 와인 생산자들 중에서도 올리비에는 그야말로 손꼽히는 자유로운 영혼의 소유자였다.

"사실 레드 프리머(Primeur) 와인은 이산화황을 넣을 필요가 없어. 포도를 수확한 후 껍질 채 발효를 하기 때문에 산화로부터 보호가 되거든. 발효 후 숙성 기간에 여러 가지 문제가 생기는 거고, 이를 방지하느라 또는 해결하느라 이산화황을 넣는 거야. 나는 86년부터 가메, 92년부터는 그롤로(Grolleau) 품종으로 상 수프르 프리머 와인을 만들어서, 같은 해 12월에 파리에서 판매했지. 오크통째 와인을 들고 가서 사람들한테 맛보이고 그 자리에서 바로 병에 담아서 판매하기 시작한 첫해가 1986년이었어. 그렇게 이산화황 사용을 점점 줄여가다가 모든 와인을 상 수프르로 만들기 시작한 것이 1996년이었고."

화이트 와인은 포도를 수확한 후 바로 압착을 통해 얻은 주스를 발효하기 때문에 공기 노출이 많고, 따라서 와인이 산화될 위험이 있기 때문에, 올리비에 역시 화이트 와인을 상 수프르로 만드는 것은 가장 나중에야 시도했다고 한다.

"한때 에릭 콜키트(Eric Coquitt)라는 영어교사 출신의 젊은 사람이 이 근처에 땅을 사서 와인을 만들었는데, 그 와인들이 대단히 아방가르드 스타일이었어. 아주 흥미로웠지. 그는 이미 그때 당시 모든 와인을 상 수프르로 만들었거든. 처음에 나는 그를 지켜보면서 잘 안 될 거라 생각했는데, 어라? 큰 문제 없이 상 수프르 와인을 잘 만드는 거야. 내가 화이트 와인까지 상 수프르로 만들게 된 건, 사실 에릭한테 영감을 좀 받았어. 그런데 정작 에릭은 상 수프르로 만들었다고 INAO로부터 AOC 인가를 거절당했고 결국 그가 만든 와인은 뱅 드 프랑스(Vin de France) 등급으로 저렴하게 팔아야 했어. 그걸 내가 제값에 전량 구매해서 당시 운영하고 있던 부르타뉴의 벨일(Belle-Île)에 있는 내 와인 카브에서 팔았지. 물론 그 와인은 금세 다 팔렸어." 벨일의 와인 카브는 그가 어머니의 노후 대책으로 마련했던 것으로, 아쉽게도 3년 만에 운영을 그만두었다고 한다. 벨일은 원래 프랑스의 부자들과 유명인사들이 즐겨 찾는 고급스러운 휴양지인데, 의외로 그곳에서 올리비에는 자신이 좋아하는 와인들을 마음껏 팔 수 있었다고 했다. 피에르 오베르누아, 브르통 등 당시 생산되던 내추럴 와인이 보수적이고 부유한 휴양지에서 인기리에 잘 팔렸다는 사실이 흥미로웠다.

“나는 내가 만든 와인보다 남이 만든 맛있는 와인을 파는 게 훨씬 쉽더라고. 내가 만든 와인에 대해 이러니 저러니 좋은 점을 이야기하면서 구입을 권하는 게… 뭔가 좀 창피하달까. 하하.” 자신의 가치관이나 의견을 피력하는 일에는 주저함이 없는 그이지만, 이렇게 또 수줍은 모습를 내비치기도 한다.

그는 벨일에서 1990년대에 내추럴 와인을 판매하며 겪었던 재미난 일화를 들려주었다. “피에르 오베르누아의 뱅 존과 플루사르 와인을 판매했었는데, 당시 플루사르는 리덕션이 매우 심했어. 그래서 어머니에게 이 와인은 내추럴 와인을 모르는 사람한테는 절대 판매하지 말라고 당부를 했지. 어느 날 어머니가 그 와인들을 그냥 다 팔았다는 거야. 내추럴 와인에서 나타나는 리덕션 현상을 이해 못 하는 사람이라면 당장 와인병을 들고 쫓아오겠구나 싶었는데, 아니나 다를까 그다음 날 손님이 아주 안 좋은 표정으로 이미 몇 잔 따른 듯한 피에르의 플루사르 병을 들고 왔더라고. “내 친구들이 이 와인을 모두 안 좋아하네요!”라면서… 그래서 내가 말했지. “이 와인은 충분히 설명을 드리고 판매했어야 하는데 그러질 못했어요. 오늘 마실 계획이시라면 어제 오픈을 미리 해서 와인에 충분한 공기 접촉을 한 후에 드시라고 했어야 했는데.” 그러면서 손님이 다시 들고 온 와인을 따라서 같이 마셨어. 다음날 마시니 와인은 당연히 너무나 맛있었지. 손님은 이 상황을 이해하지 못하면서도 그저 와인이 맛있으니 됐다며 행복해하더라고. 오히려 우리에게 미안해하면서. 그래서 나는 환불 대신 그보다 값이 더 나가는 다른 내추럴 와인을 선물로 드렸고, 그는 우리 카브의 최고 단골이 되었지.”

올리비에가 만드는 와인 레이블에는 20년째 이런 문구가 적혀 있다. ‘Produire sans nuire ni aux hommes ni à la terre(인간에게도 지구에도 해를 끼치지 않고 생산한다).’ “사람들이 종종 묻곤 해, 이게 대체 무슨 소리냐고. 그럼 난 대답하지. 우리는 모든 것을 자체 생산하고, 인공적인 것은 그 무엇도 사지 않고(포도밭이나 양조 과정에서 아무것도 넣지 않기 때문에 무엇을 살 필요가 없다), 특히 비행기로 와인을 실어 나르는 것을 싫어한다고. 비행기가 얼마나 세상을 오염시키는지 다들 아는 거냐고 대체. 나는 심지어 자동차에 넣는 기름도 직접 만들어. 자동차에 넣을 기름을 만들 때, 기계로 해바라기 씨를 수확하는 대신 일일이 가위를 사용해 손으로 씨를 자르고, 체를 이용해 씨를 골라내고, 그리고 직접 기름을 짠다고. 그 모든 수고를 생각하면 내가 쉽게 자동차를 쓸 수 있겠어? 정말 필요한 경우에만 쓰게 되지. 와인을 만들 때도

나는 모든 과정에 내 손이 일일이 닿도록 해야 한다고 생각해. 그래서 사람들이 내 집에 와서 와인을 시음한답시고 뱉는 것도 아주 싫어하지. 나는 대놓고 말한다니까. '마셔요! 뱉지 말고!'" 유쾌한 듯하면서도 일침으로 마무리되는 이야기였다.

이렇듯 보통 사람들하고 확연하게 다른 생각과 다른 행동을 하면서 살아온 그에게 특별히 힘든 일은 없었는지 물었다. "당연히 있었지. 나는 끈질기게 15년이나 법정 싸움을 벌였는걸. 하하. 1992년에 나는 나름 앙주 지역 와인생산자협회의 대표였어. 예전에는 앙주에 로제 당주(Rosé d'Anjou), 카베르네 당주(Cabernet d'Anjou), 코토 뒤 레이옹(Coteau du Layon) 이렇게 단 3개의 AOC만 있었는데, 그게 갑자기 22개로 늘어난 거지. 페티양 당주(Pétillant d'Anjou)를 비롯해 이것저것 마구 생겨났어. 나는 무분별하게 AOC를 늘리는 일을 반대했고 92년부터는 아예 AOC에서 권장하는 샵탈리자시옹을 그만둬버렸어. 앙주 지역에서 나온 포도인데 당이 부족하다고 사탕수수나 비트에서 추출한 설탕을 넣고 발효를 한다니? 게다가 그 사탕수수와 비트는 앙주 지역의 생산품도 아니잖아. 이 모든 것이 나에게는 무척 불합리하게 보였고, 그래서 AOC가 규정한 알코올 도수에 개의치 않고 샵탈리자시옹을 바로 그만뒀지. 원래 로제 당주는 알코올 도수가 약하고 마시기에 기분 좋은 와인이었는데, 갑자기 INAO에서

"이기고 지는 게 중요한 게 아니다, 나는 계속 내 신념을 위해 싸우겠다고."

알코올 도수를 평소보다 높게 책정을 하는 바람에 샵탈리자시옹을 할 수밖에 없도록 만들었어." INAO와의 긴 법정 싸움의 원인이 된 사건 중 하나였다.

INAO는 정부 기관이라고는 하지만, 와인과 관련된 INAO협회장이나 간부들은 대부분 와인 생산자들이다. 올리비에는 그들이 만들어낸 관료제에 의거하여 제정된 규칙을 용납할 수 없었고, 급기야 세베오(CVO, cotisation volontaire obligatoire, 의무적 자발적 회비) 납부를 거부했다. "세베오, 말 그대로 의무적이면서 자발적인 회비잖아? 나는 자발적으로 내고 싶지 않았다고. 결국 이 일로 나는 법정에 섰어. 그게 1992년이었고, 최초의 판결은 1996년에 나왔는데, 처음에는 내가 이겼지. 그런데 그 다음에 어떻게 되었는지 알아? INAO가 곧바로 항소했고 항소심에서 난 패소했어. 당연한 결과 아니겠어? 그들의 목적은 소송 상대가 더 이상 변호사 비용을 댈 수 없을 때까지 시간을 끈 다음 마지막 펀치를 날리는 거였지. INAO라는 거대 공룡을 내가 어떻게 이길 수 있겠어. 그런데도 나는 다시 항소를 했어, 하하. 결국 2000년까지 소송은 계속되었고 나는 판사 앞에서 말했지. '나에게는 확신이 있고, 내가 옳다는 신념이 있다'고. 하지만 판사가 당신은 결코 이길 수 없을 거라고 하길래 다시 말했지. 이기고 지는 게 중요한 게 아니다, 나는 계속 내 신념을 위해 싸우겠다고. 그러자 판사가 다시 '이 나라에는 헌법이 존재하고 법률은 그 헌법에 근거한다'고 말하더군. 내가 다시 그 법률이 잘못되었다고 하자 '그래도 법률은 법률이다'라는 이야기를 하더라고."

결국 올리비에는 2000년에 완전히 패소를 했다. 하지만 이 사건을 계기로 그는 AOC 규정에서 벗어날 수 있는 자유를 얻었고, 더 이상 INAO에 회비를 내지 않게 되었다. 이는 와인 생산자가 AOC를 자발적으로 벗어난 프랑스의 첫 사례로, 지금도 여전히 인구에 회자될 정도로 대단한 파급력을 지닌 사건이었다. "그런데 내가 실소를 금하지 않을 수 없는 건 말이지, 내가 힘들게 AOC를 벗어나니까 그제서야 여기저기서 자기들도 탈퇴하겠다며 선언하는 사람들이 나오더라고. 그 오랜 세월 동안 내가 시간과 돈을 쏟아부으며 법정 싸움을 할 때, 단 한 번도 도움을 주지 않았던 사람들이 말이야." 올리비에가 언제나 개척자(pioneer)로 살아오면서 겪은 외로움을 짧게 털어놓았다.

하지만 그의 법정 소송은 이걸로 끝이 아니었다. AOC를 벗어났지만, 그로 인해 또 다른 소송에 휘말리게 된다. 그의 가족은 몇 대째 앙주 지역에 거주하고 있어 올리비에는 자연스럽게 '앙주'라는 명칭을 그의 와인에 사용했는데, 사실 앙주는 1990년대까지는 AOC로 규정되지 않은 지역이었다. 이후 INAO는 앙주를 정식으로 AOC로 지정했지만, 몇 년 동안은 올리비에가 만드는 뱅 드 프랑스 등급 와인에 앙주라는 용어가 사용되는 것(뱅 드 프랑스 와인에는 AOC명을 표기할 수 없다)을 지켜만 보다가 2005년이 되어서야 AOC 불법 사용으로 소송을 걸었다. 이 소송은 2015년이 되어서야 비로소 끝이 났는데, 결과는 '징벌 없는 유죄'. 헌법의 카테고리 안에서 철벽같은 방어막을 치는 프랑스 대법원에서 이 판결은 올리비에와 그를 지지하는 사람들에겐 일종의 승리였다. 하지만 결국 상처뿐인 영광이라고나 할까.

이 기나긴 소송 기간 중 올리비에는 말을 몰고 법정에 나타나기도 하고 그의 수많은 내추럴 와인 생산자 동료들과 함께 법원 앞에서 와인을 마시며 평화로운 데모를 벌이기도 했다. "나는 마치 축제를 하는 기분이었어. 게다가 마지막 몇 년은 그저 배를 타고 떠날 생각으로 머릿속이 꽉 차 있었기 때문에, 소송은 완전 뒷전이었지. 이 소송으로 졸지에 유명인사가 되었지만 그것을 이용해 내 와인을 더 잘, 그리고 더 비싸게 팔 생각은 전혀 없었어. 전과 같은 가격, 같은 거래처에 와인을 팔았지."

"소송이 끝나기 몇 달 전 클레르와 난 배를 새로 구입했어. 세계일주를 하기 위해서 말이야. 이 여행을 위해 일 년에 최소한 2~3달은 배를 타면서 몇 년이 될지 모르는 긴 여행을 위한 기술을 연마하고 있어." 십 년 동안 오로지 신념을 위해 막대한 돈을 들여 소송을 했던 사람의 답 치고는 너무나 낭만적이었다. 그에게는 소송의 결과 따위는 중요하지 않다. 그가 확신하는 방법으로 와인을 만들고, 그 와인으로 사람들을 즐겁게 하고, 본인 또한 즐거우면 그만인 것이다. 언제가 될지는 모르겠지만, 기회가 된다면 그의 세계일주에 일부 동행하여 그와 클레르의 모험기를 사람들에게 전하고 싶다는 생각을 해봤다. 나는 그가 만든 마지막 화이트 와인인 2006년산 슈냉 블랑의 마지막 한 모금을 삼켰다. 13년이 흘렀지만, 여전히 생생하며 미네랄 넘치는 이 멋진 와인을 다시 만날 가능성은 매우 희박하겠지만 그럼에도 희망을 걸어 보며.

대표 와인

퓌르 브르통 Pur Breton

지역 앙주, 루아르 밸리
품종 카베르네 프랑

올리비에 쿠장은 카베르네 프랑으로 두 개의 와인을 만들고 있는데, 그중 비교적 어린나무의 포도로 만들어지는 퀴베인 퓌르 브르통. 젊은 포도나무에서 나오는 청년의 힘이 느껴지며, 풋풋한 풀 향과 검붉은 과실 향, 알싸한 향신료의 향이 조화를 이룬다. 거장이 수십 년을 거쳐 다시 처음으로 돌아간 듯한 순수함을 느낄 수 있다.

슈냉Chenin 2008

지역 앙주, 루아르 밸리
품종 슈냉 블랑

지금은 카베르네 프랑을 제외한 모든 밭을 아들에게 물려준 올리비에 쿠장이 은퇴 전 만든 슈냉 블랑 와인. 10년이 훨씬 넘은 숙성 기간을 보낸 만큼, 독특한 산화 숙성 뉘앙스를 가지고 있지만 여전히 풍성한 과일의 표현력과 섬세한 산미가 균형을 이루며, 정교한 완성도를 보여주는 와인이다.

10

15대의 전통과 역사
샤토 르 퓌
Château Le Puy

샤토 르 퓌(Château Le Puy)는 1610년부터 와인을 만들기 시작해 그 역사가 400년이 넘은, 전통 있고 오래된 보르도 와이너리다. 거대한 기업형 와인 생산자들로 넘치는 보르도에서 샤토 르 퓌는 오랜 세월 동안 기존의 보르도 와인과는 전혀 다른 스타일의 와인을 묵묵히 생산해왔다. 세계적인 명성을 자랑하는 지금의 위치에서도 샤토 르 퓌는 전통 방식을 고수하며 와인을 만들고 있는데, 오랜 세월 동안 한 가문에 의해 경영되었으므로 이곳의 카브에는 여전히 건강한 상태의 오래된 와인들이 보관되어 있다. 이 와인들의 생산년도는 무려 20세기 초반까지 거슬러 올라가니, 전 세계 와인 애호가들을 열광시키기에 충분한 조건이 아닐 수 없다.

샤토 르 퓌가 세계적인 명성을 얻게 된 계기는 일본의 유명 와인 만화 《신의 물방울》에 등장하면서였다. 책의 내용에서는 '마지막 사도' 와인으로 등장하지 않았지만, 만화책 시리즈가 완결되기 전 TV판으로 제작되었던 드라마의 마지막 사도 와인이 바로 샤토 르 퓌의 퀴베 에밀리앙(Cuvée Emilien)이었던 것이다. 비록 일본의 베스트셀러 만화 덕분에 대중적으로 더욱 유명해지긴 했지만, 샤토 르 퓌의 와인은 지금도 유명해지기 전과 크게 다르지 않은 가격으로 거래될 만큼 소비자에 대한 애정도 각별하다.

프랑스를 대표하는 전통적인 와인 산지인 보르도에서, 보르도의 기존 양조 방식과 다르게 와인을 만들며 이단아 취급을 받았었던 샤토 르 퓌. 이제는 내추럴 와인이라는 떠오르는 카테고리 안에서 새롭게 조명을 받고 있지만, 이곳을 경영하는 아모로(Amoreau) 가문은 이러한 현상에 별로 감흥이 없다. 그들이 늘 해오던 방식대로 열심히 와인을 만들고 있을 뿐이다.

DE BORDEAUX

au le Puy

Emilien 2016

VIN FIN DE BORDEAUX

Château le Puy

6 x 75cl Emilien 2016

VIN FIN DE BORI

Château le

6 x 75cl Emilien

N DE BORDEAUX

au le Puy

Emilien 2016

VIN FIN DE BORDEAUX

Château le Puy

6 x 75cl Emilien 2016

VIN FIN DE BOR

Château le

6 x 75cl Emilien

N DE BORDEAUX

au le Puy

Emilien 2016

VIN FIN DE BORDEAUX

Château le Puy

6 x 75cl Emilien 2016

VIN FIN DE BOR

Château le

6 x 75cl Emilien

10
Château Le Puy

장-피에르 아모로(Jean-Pierre Amoreau). 샤토 르 퓌의 13대 주인인 그를 내가 처음 만난 건 2010년 가을이었다. 그때는 사실 샤토 르 퓌를 내추럴 와인 중 하나로 여기고 찾아간 것은 아니었다. 당시 인기 만화 《신의 물방울》의 TV 드라마에 등장한 이후 샤토 르 퓌는 갑자기 연락하기도 어려울 정도로 엄청난 유명세를 타고 있었기 때문에, 기회가 되면 한번 만나서 시음을 해보자 생각했을 뿐 내추럴 와인에 관한 깊은 대화를 나누려고 했던 것은 아니었다.

약속 시간을 맞추기 위해 파리에서 새벽에 출발해 차로 6시간을 쉬지 않고 달려 보르도에 왔으니 샤토에 도착했을 무렵에는 당연히 뱃속이 텅 비어 있는 상태였다. 원래도 와인 시음을 할 때는 와인을 목으로 넘기지 않고 다시 뱉어내는데, 그날은 속이 비어 있었으니 갑자기 취하지 않도록 더욱 조심해서 시음을 해야 하는 상황이었다. 그런데, 장-피에르가 와인을 뱉지 않고 마셔야 시음을 계속할 수 있다고 한다…! 대부분의 전문가 대상 와인 시음회에서는 와인의 맛과 향만을 감별할 뿐, 와인을 삼키지 않는다. 물론 여러 종류의 와인을 시음을 하다 보면 간혹 맛이 너무 좋아서 자연스럽게 삼키게 되는 경우는 있지만. 그런데 지금 눈앞에 놓인 시음 와인을 무조건 모두 삼켜야만 한다니… 이해할 수 없다는 나의 표정을 보고 장-피에르는 웃으며 설명을 했다. "나의 와인은 화학 약제가 닿지 않은 깨끗한 포도를 가지고 순수하게 만들어졌기 때문에, 포도가 가지고 있는 고유의 비타민이 그대로 남아 있어요. 그 비타민이 알코올 대사를 촉진시켜주기 때문에 마셔도 쉽게 취하지 않는답니다." 쉽게 믿을 수 있는 말은 아니지만, 선택의 여지가 없었다. 그런데 실제로 마셔보니 그의 이야기가 사실이었다. 2시간 동안 계속해서 이어진 시음으로 꽤 많은 양의 와인을 마셨음에도 불구하고,

그리고 공복 상태였음에도 불구하고 술에 취한다는 느낌이 전혀 들지 않았다.

현재는 장-피에르의 아들인 파스칼 아모로(Pascal Amoreau)가 와이너리 경영을 맡아서 하고 있기 때문에, 장-피에르를 와이너리에서 만나게 되는 경우는 거의 없다. 이번 인터뷰를 위해 그를 거의 10년 만에 만난 셈인데, 그는 지난 2010년에 있었던 나와의 이런 일화를 기억하지 못하고 있었다. 그는 거의 모든 방문객들에게 같은 말을 했다고 한다.

15대 아모로는 누가 될 것인지에 대한 질문으로 인터뷰를 시작했다. "샤토 르 퓌는 1대 선조부터 현재의 파스칼까지 모두 아버지에서 아들로 대물림이 되었어요. 단 한 번의 예외도 없었죠. 그런데 15대부터는 달라질 거예요. 가문을 잇는 사람이 꼭 남자여야 한다는 규칙을 없앴거든요." 완고한 보르도 전통 샤토 가문에도 새로운 바람이 불고 있었다.

상속 시스템이 변화했다는 말에 이어 장-피에르는 곧바로 프랑스 농업 전반에 영향을 미친 각종 화학 약품에 대한 이야기들을 풀어놓았다. "제1차 세계대전이 끝나고, 포탄이나 화약을 만들던 무기 회사들은 수익이 나는 다른 판매처를 찾아야 했어요. 바로 농업이었죠. 그

> "겉보기에는 포도알의 크기나 즙의 모습이 달라지지 않았겠지만, 그 속에 들어 있는 영양분은 완전히 달라졌어요."

들은 총탄이나 포탄의 재료였던 니트라트(nitrate, 질산염), 포스파트(phosphate, 인산염) 등의 성분을 이용해 합성 비료를 만들어서 농민들에게 팔기 시작했어요. 그것이 농경에 사용된 최초의 화학 약품이었죠. 무기를 만들던 회사의 영업 직원들은 전국의 농경 지역을 돌아다니며 대대적으로 약품 선전을 했고요." 14대째 아모로 가문 소유인 샤토 르 퓌의 포도밭은 지금까지 단 한 번도 화학 약품에 노출된 적이 없다고 하는데, 어떻게 당시의 이런 대대적인 세일즈 전략에 넘어가지 않을 수 있었을까. "간단해요. 당시 오너였던 우리 할아버지는 평소에 '돈은 한번 들어오면 절대 다시 나가면 안 된다'를 인생 모토로 삼으셨던 분이라, 값이 제법 나갔던 화학 비료를 구입하실 생각이 전혀 없으셨거든요. 하하."

"화학 비료를 사용한 포도밭들은 점점 약해져 갈 수밖에 없어요." 장-피에르는 마치 강의를 하듯 차분한 톤으로 그가 가진 지식을 전달하기 시작했다. "식물은 자가 면역력을 잃어갔고, 땅이 가진 미생물을 비롯한 생물 다양성은 변화되거나 감소되었어요. 미량 요소 그리고 매크로 요소들은 먹이사슬이 약해지면서 숫자가 현저히 감소했는데, 이는 결국 그 땅에서 생산되는 과실이나 야채 곡물류에 들어 있던 미량의 매크로 요소들도 줄어들었다는 것을 의미합니다. 즉 원래의 포도가 가지고 있어야 하는 자연 상태의 원료들이 줄어들거나 없어졌다는 말이에요. 예를 들어 겉보기에는 포도알의 크기나 즙의 모습이 달라지지 않았겠지만, 그 속에 들어 있는 영양분은 완전히 달라졌어요. 참 아쉬운 일입니다." 가슴이 서늘해지는 이야기가 아닐 수 없었다.

여기서 토양 속의 미생물 연구로 유명한 부부, 클로드와 리디아 부르기뇽(Claude & Lidia Bourguignon)에 대한 이야기를 빼놓을 수 없을 것이다. "화학 약품이 뿌려졌던 땅을 그 이전으로 돌려놓는 데 얼마 정도 걸린다고 생각하세요? 법으로는 3년으로 정해져 있어요. 즉 유기농으로 농법을 전환하겠다고 한 첫해를 기준으로 3년이 지나면 유기농 인증서를 발급받을 수 있지요. 하지만 우리같이 땅을 직접 대하는 농부들은 적어도 7~8년 걸린다고 봅니다. 하지만 부르기뇽 부부는 다르게 이야기를 해요. 그들에 의하면, 토양의 90~95퍼센트가 회복되는 데는 7~8년이 걸리겠지만, 100퍼센트 회복되는 데는 300년이 걸린다고 합니다. 정말 무시무시하죠."

"화학 비료의 사용으로 약해진 식물은 결국 이전보다 병에 더 자주 걸리게 되고, 이는 화학 비료를 제조하는 회사로 하여금 그에 대한 해결책으로 살충제같이 병충해를 해결하는 더 강력한 화학 약품을 만들게 했어요. 우리가 사용하는 의약품, 특히 항생제 같은 것들도 마찬가지예요. 반복해서 사용하게 되면 이에 익숙해져서 신체가 병에 대항하는 방식이 달라지고, 면역력도 계속해서 약해지죠. 결과적으로 보면 자기 발등을 찍는 셈인데… 이런 화학 약품을 대량 생산하는 기업들의 로비가 얼마나 강력한지 몰라요. 언론과 미디어의 힘을 이용하고, 과학자들을 매수해서 거짓 리포트를 만들고…" 제품이 인체에 해를 입히지는 않는다는 증거가 필요한 기업에서 리포트를 돈으로 매수해 만든다는 이야기인데, 그러한 방식의 로비는 요즘 같은 세상에서는 더 이상 불가능하지 않을까?

"맞아요. 지금은 변하고 있어요. 사람들이 자각을 하기 시작했거든요." 그의 말대로 지금의 소비자들은 식품 산업에 대해 빠른 속도로 자각을 하고 있다. 십여 년 전만 해도 거의 없었던 유기농 전문 슈퍼마켓이 이제는 파리 구석구석 위치해 있고, 기존의 마트 상품보다 대략 20~30퍼센트 정도 비싼 가격임에도 불구하고 모두 성업 중이다. 먹거리에 대한 사람들의 인식이 정말 빠르게 바뀌고 있다는 확실한 증거다.

"1950년대에 저희 아버지는 당시 처음으로 만들어진, 유기농법에 대한 연구회에 가입을 하셨는데, 1960년대가 되어서야 본격적으로 유기농협회가 만들어지기 시작했죠." 장-피에르는 1960년대가 되어서야 비로소 유기농협회가 창립되었다고 했지만, 내 입장에서는 '그렇게나 빨리?'라는 생각이 들었다. 1970년대가 되어서야 화학 비료, 살충제 등이 처음 소개되기 시작한 지역도 있었는데, 이미 1950년대에 유기농에 대한 연구를 하는 사람들의 모임이 있었고, 이어 십여 년 후에는 본격적으로 협회가 만들어지기 시작했으니 말이다. "최초의 유기농협회로 나튀르 에 프로그레(Nature et Progrès)를 들 수 있는데, 이후 서로 의견을 동의할 수 없는 사람들이 다른 협회를 차려서 나갔죠. 거기서 또다시 새로운 협회가 창설되고… 유기농 협회에도 개인의 에고(Ego)나 정치적 문제가 개입되기 시작했던 거예요."

장-피에르는 '유기농'이란 단어에 얽힌 웃지 못할 일화를 털어놓았다. "1990년 초반, 프랑스 북쪽 망슈 지방에 한 와인숍이 있었어요. 가게에 들어가서 나를 소개하고 유기농 와인을 만든다고 하니까, 그 사람이 그러더군요. '아, 나는 당신들 같은 사람들을 잘 알아요. 남을 속이는 사람들이죠? 저녁마다 살짝 밭에 나가서 동물 발자국을 일부러 찍어두고. 마치 동물이 다녀간 것처럼 보이려고 말이에요. 실제로는 살짝 화학 약품을 사용하면서 그 사실은 철저히 숨기고 있는 거죠?'라고 말하더군요." 유기농에 대한 편견으로 가득 차 있었던 그 가게의 주인은 아마도 지금쯤 열심히 유기농숍을 찾아다니는 평범한 사람이 되었을지도 모른다. 10년이면 강산이 변한다고 했는데, 그로부터 30년이 지난 지금은 더 많은 것들이 변했을 것이다.

프랑스 북쪽 지역의 사람들, 비교적 꽉 막히지 않은 성향이라는 사람조차 저런 모습이었으니, 전통적이고 완고한 부르주아로 가득한 보르도에서는 상황이 더욱 나빴을 것이다. 장-피에르의 할아버지와 아버지가 와이너리를 운영하던 시절, 보르도의 와이너리는 (물론 현재도 그러하지만) 대부분 완고하고 보수적인 성향의 샤틀랑(샤토 주인을 지칭하는 용어)들이 포도밭을 직접 소유하고 있었다. 그러니 샤토 르 퓌처럼 이름은 샤토지만 하는 행동은 전혀 달랐던 사람들을 어떻게 대했을지는 불 보듯 뻔했다. "서로 경계심이 팽팽했죠. 실질적인 분쟁이 일어났던 것은 아니지만, 우리와 그들 사이에는 늘 긴장감이 있었어요. 20년 전이었나… 저희 와이너리를 찾아온 한 손님이 그러더군요. 여기서 한 600미터 정도 떨어진 곳에서 샤토 르 퓌 위치를 물었더니 '아 그 바보가 사는 곳이요?' 하고 대답하더랍니다. 하지만 정작 이 이야기를 들은 건 최근이었어요. 그동안은 우리가 속상해 할까봐 이야기를 안 하고 있다가, 이제는 이런 것들로 문제가 되지 않을 만한 위치에 있으니 편하게 이야기를 한 거겠죠." 세상은 확실히 유기농을 중심으로 완전히 돌아서고 있다.

"어쨌거나 우리 집안은 선조부터 대대로 보르도의 다른 샤틀랑들하고는 거의 어울리지 않았어요. 처음부터 다른 영혼의 소유자였던 셈이죠. 불과 얼마 전까지만 해도 우리는 '생 시바흐(St. Ciabrd, 샤토 르 퓌가 위치한 마을)의 미친 사람들'로 불렸죠. 하하." 다른 사람들에게 미친 자들 혹은 헛된 꿈을 쫓는 자들이라는 별명으로 불리우면서도 꿋꿋하게 자신들의 의지를 지켜온 아모로 가문의 선조들. 인터뷰를 위해 내 앞에 앉은 13대손 장-피에르에서도 같은 신념의 아우라가 빛나고 있었다.

대외적인 시선이나 평가에 관한 이야기를 하다가 프랑스의 저명한 와인 평론가인 미쉘 베탄에 대한 이야기로 이어졌다. "2000년 무렵이었을 거예요. 당시 로마네 콩티의 주주이자 도멘 프리외레 호크(Domaine Prieuré Roch)의 주인인 앙리 호크(Henri Roch)를 미쉘 베탄과 함께 일본에서 만났어요. 그 만남 이후 미쉘은 프랑스로 돌아와 글을 하나 썼죠. 그는 나와 앙리를 '꿈을 쫓는 자'라고 지칭하면서 그래도 그중에 그나마 덜 바보 같은 사람이 와인에 이산화황을 넣고 있다고 적었더군요. 즉, 이산화황을 전혀 넣지 않는 내가 더 바보 같다는 이야기겠죠?" 그런데 나는 프리외레 호크도 이산화황을 거의 넣지 않거나 아예 쓰지 않는 도멘으

"토양의 90~95퍼센트가 회복되는 데는 7~8년이
걸리겠지만, 100퍼센트 회복되는 데는
300년이 걸린다고 합니다."

le Puy

샤토 르 퓌의 포도밭은
말을 사용해 경작을 하고 있다.

로 알고 있어서, 그의 이야기가 잘 이해가 되지 않았다. "아, 당시 앙리는 이산화황을 계속해서 줄여가는 중이었어요. 과거에는 지금보다 훨씬 많은 이산화황을 넣었죠."

그럼 샤토 르 퓌는 처음부터 이산화황을 전혀 쓰지 않았던 것일까. "예전에는 컴퓨터가 없으니 오랫동안 펜으로 직접 노트에 양조에 대한 기록을 했어요. 양조 및 집안의 모든 일에 필요한 것들을 적은 노트가 우리 집안에는 대대로 보관되어 있죠. 그 중 1964년에 할아버지가 적으신 노트에 이런 문구가 있었어요. '대체 왜 이산화황을 와인 양조에 넣는 건지 이유를 모르겠다. 꼭 넣어야 할 필요가 없어 보이는데…' 저는 성장한 이후에 이 노트를 읽게 되었고, 양조를 시작하면서 꼭 한번 시도해보고 싶었죠. 상 수프르 와인 양조를 처음 시도한 것이 1990년이었고, 병입은 1994년이 처음, 판매를 시작한 것은 1996년부터였어요." 대부분의 내추럴 와인 생산자들이 영향을 받았던 쥘 쇼베의 이론과는 전혀 상관없이, 할아버지가 생각은 했지만 실행을 하지는 않았던 아이디어를 따라서 와인을 만들었던 것이다!

"쥘 쇼베는 위대한 분이셨지만 내게 영향을 미칠 만큼 제가 그분을 잘 알지를 못했어요. 그분은 과학자였으니까요. 우린 그저 농부이자 와인을 만드는 사람이고요. 나와 관계가 있는 사람이라면 본의 양조학자이자 교수였던 막스 레글리즈를 들 수 있겠네요." 이미 앞서간 사람의 가이드도 없이 와인을 만들었다면 분명 실패의 과정도 있지 않았을까. "실패해서 버린 와인이 꽤 됩니다. 하하. 하지만 포도가 워낙 건강하기 때문에 생각만큼 큰 실패는 별로 많지 않았어요."

건강한 포도 이야기가 나온 김에, 유기농과 비오디나미에 대한 이야기를 꺼내보았다. 샤토 르 퓌는 현재 비오디나미 경작을 하고 있는 것인지 말이다. 왜냐하면 비교적 단순하게 해석할 수 있는 유기농작과 달리 비오디나미 경작은 상당 부분에서 여러 가지 해석이 가능하기 때문이다. "음… 비오디나미는 좀 복잡해요. 우리는 비오디나미 방식을 이용해 포도밭을 경작하고 있지만, 비오디나미에 대해 따로 학습을 하고 익힌 것은 아니랍니다. 그저 결과적으로 현재 우리가 시행하고 있는 경작법이 비오디나미라고 할 수 있다… 정도로 설명할 수 있겠네요. 사실 현재의 비오디나미 경작은 밭에 팽배해 있는 여러 가지 오염원들을 계산되고 수량화된 방법으로 제거하는 것이라고 할 수 있어요. 1920년 무렵 활동했던 앙드레 비흐(André Birre)라는 과학자가 있었는데, 이분은 슈타이너의 비오디나미 이론과 같은 경작 방식을 추구하셨답니다.

샤토 르 퓌의 고급 퀴베인 ‘흐투르 데 질(Retour des îles)’과 ‘바르텔레미(Barthélemy)’

BA
2018

"나는 행복이 측정 가능하다고 생각하지 않아요."

다른 점이라고 한다면 슈타이너는 전반적인 농경에 대한 이론을 적었지만, 비흐는 코트 뒤 론, 보졸레 등 실제 포도밭에서 이를 구체적으로 실험했다는 것이죠. 그는 우리 샤토에서도 같은 실험을 했었어요. 그의 실험은 동물의 배설물이나 식물을 그대로 비료로 사용했을 때 생기는 독성을 입증하는 것이었고, 이는 우리가 옛날부터 시행했던 경작법의 기초였죠. 말린 건초에 동물 배설물을 섞은 다음 오랫동안 태양에 노출시켜 독성을 분해한 후 사용하는 거였어요. 슈타이너가 제시하는 방법처럼 동물의 뿔 안에 퇴비를 채워 넣은 후 이를 땅에 묻어서 독성이 분해된 다음에 사용하는 방식과는 약간 다르지만 결국은 같은 의미예요. 그래서 우리는 비오디나미 경작을 한다고 이야기하지 않습니다. 그저 우리 가문에서 대대로 내려오는 방식으로 포도밭을 경작하는 것뿐이라고 말하죠."

장-피에르는 늦은 나이에 본격적으로 샤토 르 퓌의 일에 관여하기 시작했다고 한다. 그는 젊은 시절에는 전혀 다른 일을 했다고 하는데, 대화를 나누는 내내 와인에 대한 그의 열정을 충분히 느낄 수 있었다. 그가 왜 나이를 먹고 나서야 와인의 세계에 집중하게 되었는지도 궁금했다. "아주 어린 시절에는 할아버지의 양조 과정을 모두 지켜보고 참여도 했어요. 무척 즐거운 일이었죠. 하지만 21살부터는 20년간 철상 산업에 몸을 담았습니다. 전 세계를 누비고 다녔죠. 그때 서울과 부산에도 갔었답니다. 왜냐고요? 아버지랑 성격이 안 맞았거든요. 하하. 그렇게 20년을 밖에서 떠돌다가 아버지가 자동차 사고를 당하신 후 내가 돌아오기를 바라셨죠. 그래서 나는 아버지가 샤토 일에서 완전히 손을 떼는 것을 조건으로 돌아왔답니다. 물론 그전에도 시간이 나는 대로 아버지를 도왔었지만, 본격적으로 혼자 모든 것을 하기 시작한 것은 1990년이었어요."

현재 샤토 르 퓌를 맡아 경영하고 있는 그의 아들 파스칼도 혹시 같은 문제를 갖고 있는지 물었다. "하하, 내 입장에서는 전혀 아니예요. 와이너리에 본격적으로 집중하기 시작했을 때 파스칼은 이미 청소년이었고, 난 그를 곧바로 와이너리 일에 참여하게 했거든요. 파스칼은 1996년부터 샤토에서 일을 했어요."

사실 인터뷰를 시작하면서 샤토 르 퓌를 지금처럼 유명하게 만든 일등공신이라 할 수 있는 '신의 물방울 현상'에 대해 가장 궁금했는데, 그 질문은 일부러 인터뷰 뒷부분으로 남겨두었다. 뭔가 극적인 스토리가 나올 것 같았기 때문이다. "2009년이었어요. 니폰TV에서 9회 분량으로 제작한 〈신의 물방울〉 드라마에서 우리 와인이 9번째 마지막 사도로 지목되었죠. 우린 그런 사실을 전혀 모르고 있었고요. 그리고 드라마가 방송된 바로 그 다음 날, 우리는 쏟아지는 주문과 전화에 모든 업무가 마비될 정도였어요. 주문량의 90퍼센트가 일본에서 온 것이었는데, 당시 우리의 일본 거래처에서 알려 주더군요. 〈신의 물방울〉이란 드라마의 마지막 사도로 우리 와인이 방송되었다고. 나머지 10퍼센트의 주문은 중국, 타이완 그리고 런던에서 온 것이었어요."

그의 드라마 같은 이야기는 계속되었다. "일본의 거래처로부터 사실 관계를 확인한 후, 나는 정확히 10분 후에 모든 판매를 중단하기로 결정했습니다. 샤토에서의 와인 판매를 그 즉시 중지했고, 전 세계 모든 거래처에 연락을 해서 가지고 있는 와인들 전부 판매를 중단해 달라고 요청했어요. 내 와인이 투기의 대상이 될 것이 뻔했거든요. 그런 말도 안 되는 상황은 꼭 막아야겠다는 생각이 들더군요." 큰돈을 벌 기회가 왔으니 그 기회를 잡아 와인 가격을 올려야겠다는 생각을 할 법도 한데, 장-피에르의 결정은 순수하게 와인을 사랑하고 자신들의 고객을 아끼는 양심적인 결정이었다. "나는 행복이 측정 가능하다고 생각하지 않아요. 예를 들어 당신이 다른 사람보다 돈이 더 많다고 해서 더 행복할 권리를 갖고 있는 건 아니라는 거죠. 만약 그때 와인 가격이 투기의 대상이 되도록 내버려 뒀더라면, 우리 와인은 돈이 있는 사람만 마실 수 있는 와인이 되었겠죠. 일본의 드라마 한 편 덕분에 내 와인이 유명세를 타긴 했지만, 그렇다고 다음 해에 일본에 와인을 단 한 병이라도 더 배당하지는 않았어요. 각 나라별 수출 할당량은 그 이전에도 그 이후에도 엄격하게 지키고 있답니다. 물론 내 와인 중에는 꽤 비싼 값으로 판매되는 와인도 있어요. 하지만 그 와인은 그 가격을 받을 가치가 있고 또 그만큼 오랫동안 숙성을 거쳐서 병입되고 있기 때문에 전혀 다른 이야기인 거죠." 〈신의 물방울〉 TV 드라마에서 마지막 사도로 지목된 와인은 샤토 르 퓌의 기본 라인인 '퀴베 에밀리앙(Cuvée Emilien)'이었고, 그보다 상위 퀴베가 바르텔레미(Barthélémy)이다. 이 와인은 오랜 기간 숙성을 거친 후 병입을 하고, 병입한 다음에도 다시 여러 해의 병 숙성을 거쳐 출시하기 때문에 힘이 있으면서도 동시에 매우 섬세함을 간직한 아주 멋진 풍미를 지닌다.

인터뷰를 위해 나는 총 세 번에 걸쳐서 그를 만났는데, 마지막 만남은 그의 책《물처럼 순수한(Pur que l'eau)》이 막 출간된 2019년 9월 중순 파리에서였다. 장-피에르를 만날 때마다 그의 와인에 대한 열정과 애정이 나에게 큰 힘과 위안이 되었다. 작은 키의 장-피에르가 뿜어내는 긍정의 에너지는 정말 어마어마하다. 이런 긍정의 에너지와 열정으로 장-피에르는 언제나 순간적인 물욕에 치중하기보다는 모든 사람들이 골고루 행복을 누릴 수 있기를 바란다. 그가 오랫동안 건강하게 살면서 그의 생각을 샤토 르 퓌의 다음 자손들에게 잘 전달한다면 앞으로도 우리는 그의 와인을 마시며 행복해할 수 있지 않을까.

※2019년 10월을 기점으로 샤토 르 퓌는 '샤토'라는 타이틀을 모든 레이블에서 빼기로 결정했다. 그들의 와인과 샤토는 어울리지 않기 때문이다. 이제는 테루아의 이름인 르 퓌(Le Puy)로 불린다.

대표 와인

에밀리앙Emilien

지역 보르도 코트 드 프랑
품종 멜롯, 카베르네 쇼비뇽, 카베르네 프랑, 말벡, 카르미네르

가문 대대로 내려오는 전통 농작법을 이용, 400년 동안 단 한 번도 농약을 사용하지 않은 밭에서 재배된 포도로 만들어진 와인. 레드 베리류의 과일 풍미가 넘치고, 견과류와 버섯의 뉘앙스를 보인다. 건강한 토지에서 나오는 복합적인 미네랄이 멋진 와인이다.

마리-세실 Marie-Cécile

지역 보르도 코트 드 프랑
품종 세미용

세미용 100%로 만들어진 드라이 화이트 와인으로 철저하게 음력에 따른 비오디나미를 방식을 쓰며 이산화황 무첨가 와인이다. 배, 복숭아의 과일 향, 흰 꽃 향, 미네랄 풍미가 긴 여운으로 이어지며, 해산물뿐 아니라 육류와도 멋지게 어울리는 구조감 있는 화이트 와인이다.

11

알자스의 숨겨진 수퍼스타
브뤼노 슐레흐
Bruno Schueller

브뤼노 슐레흐(Bruno Schueller). 알자스 내추럴 와인의 독보적 선구자인 그는 도멘 제라르 슐레흐(Domaine Gérard Schueller)를 몇십 년째 이끌고 있는 인물이다. 브뤼노는 다른 내추럴 와인 1세대 생산자들과는 달리 미디어에 거의 노출이 되지 않았다. 스스로를 드러내기 꺼리는 그의 성향과도 관련이 있을 것이다. 이런 은둔자같은 면모에도 불구하고, 그의 와인은 이미 너무 유명해져서 구하기가 하늘의 별 따기처럼 어려워진 지 수 년이 지났다.

브뤼노는 대중적인 성공을 거두기보다 소수의 매니아층을 형성하는 스타일의 와인을 만들지만, 의외로 그를 찾아와 와인을 배우고 성공을 하게 된 와인 생산자들도 꽤 많다. 이탈리아 레 코스테(Le Coste)의 지안 마르코 안토누치(Gian Marco Antonouzi)를 비롯해 쥐라의 켄지로 카가미(도멘 데 미후아Domaine des Miroirs), 오베르뉴 지역의 뱅상 마리(Vincent Marie, 도멘 노 콩트롤Domaine No Control) 등 많은 유명 생산자들이 그를 거쳐 갔다.

그가 만드는 피노 누아 와인인 '샹 데 주아조(Chant des oiseaux)'는 0.6 헥타르밖에 안 되는 작은 땅에서 생산되는 마이크로 퀴베이지만, 종종 부르고뉴의 명성 높은 와인들과 함께 블라인드로 시음될 정도로 완성도가 높아 많은 사람을 깜짝 놀라게 만들곤 한다. 물론 우리가 실제로 이 와인을 만나보는 일은 거의 불가능한 일이겠지만 말이다.

사실 만나기 힘든 것은 그의 와인뿐만이 아니다. 브뤼노 역시 만나기가 아주 힘들기로 손꼽힌다. 그런 그와 어렵게 인터뷰 약속을 잡고, 화창한 5월의 어느 날 그의 와이너리를 찾아갔다.

Natural Winemakers

11

Bruno Schueller

알자스의 아름다운 도시 콜마르(Colmar)에서 남서쪽으로 10킬로미터 남짓 떨어진 거리에 위치한 브뤼노의 오래된 와이너리. 그곳에서 막 병입을 마친 리슬링(Riesling)을 앞에 두고 그와 인터뷰를 시작했다. 그는 일찍부터 와인을 만들기 시작했다고 들었는데, 정확히 언제부터였는지 물었다. "내 첫 와인이 생산된 해는 1982년이었지. 내가 학교를 1981년까지만 다니고 그만뒀거든. 학교도 선생님도 맘에 안 드는, 사사건건 반대의견을 내는 나쁜 학생이었어. 하하. 그런데 학교를 그만두고 나니 아버지가 '어쨌든 너는 나보다 교육을 많이 받았으니 이제부터는 와인 양조도 네가 직접 해라'라고 말씀하셨지." 학교가 왜 그렇게 싫었느냐, 공부하기가 싫었던 것이냐 물었더니 "기초를 배우는 것은 좋았지만 그 당시의 학교는 어딘가 정치적 성향이 강했어. 나는 그게 싫었고… 또 배울 것도 별로 없더라고."라는 대답이 돌아왔다.

슐레흐 가문은 언제부터 와인을 만들었는지 궁금했다. "기록에 의하면 우리 집안은 1630년대부터 와인을 만들었지." 그는 이어서 알자스의 역사적 배경에 대해 설명하기 시작했다. "알자스는 1945년까지 거의 매 30년마다 전쟁이 발발했거든. 그러니 전쟁이 끝난 후에는 언제나 모든 것을 다시 시작해야 했지. 결국 원래의 알자스 주민들은 대부분 전쟁으로 희생되거나 전염병으로 죽고 주민의 5퍼센트 정도만 남았어. 그 후 스위스에서 많은 이민자들이 알자스로 왔는데, 우리 선조도 그들 중 하나였어."

그렇다면 그는 처음 와인을 만들던 1982년부터 곧바로 내추럴 와인을 만들었을까? "그럴

리가 있겠어? 몇 년 지나고 나서부터였지. 하지만 운 좋게도, 내가 와인 양조를 처음 시작했던 5헥타르 남짓의 포도밭은 원래부터 제초제 등 화학 약품이 전혀 닿지 않은 곳이었어. 아버지가 화학 약품 사용을 싫어하셨거든. 물론 전혀 안 쓰셨던 것은 아니고 불가피한 상황, 예를 들어 살충제를 사용하지 않으면 포도를 모두 잃어버릴 지경이 되었을 때 딱 한 번 사용을 해보셨는데, 포도나무가 반응하는 것이 영 좋지 않아서 바로 그만두셨대."

즉 그는 내추럴 와인의 기본 조건인 유기농 포도를 처음부터 충분히 갖추고 있었던 셈인데, 이산화황을 사용하지 않고 양조를 한 것은 언제부터였는지 궁금했다. "1988년인가 1989년인가 아무튼 그 무렵이었어. 모든 와인을 상 수프르로 만든 건 아니고, 우선 몇 개만으로 시작했지. 아, 그러고 보니 아직도 그때 만든 1990년산 피노 블랑이 남아 있구먼."

"나에게는 이산화황에 대한 아주 좋지 않은 경험이 있어. 1981년, 그러니까 학교를 그만두기 바로 직전 이름을 밝힐 수 없는 어느 와이너리에서 5주간 방당쥬(vendanges)33 일을 했었어. 그곳에서 내가 한 일은 도착한 첫날부터 나무로 만든 어마어마한 크기의 양조통에 이산화황을 가득 채우는 것이었지. 살균을 목적으로 이산화황을 넣는 것인데, 포도를 수확하기

33 수확이란 의미의 프랑스어로, 이 경우는 수확과 양조를 함께 의미한다.

"이렇게 안 좋은 물질을 와인에 넣는다면,
절대로 좋은 와인이 만들어질 것 같지 않았거든."

일주일이나 열흘 전부터 이산화황을 넣어서 자연스럽게 어느 정도 공기 중으로 날아간 상태에서 수확된 포도를 넣으면 되거든. 그런데 당시는 수확을 언제 할지도 모르는 상태라, 결국 수확 시기가 3일 후로 갑자기 결정이 나는 바람에, 함께 일하던 친구들 2명과 함께 급하게 양조통을 씻어야 했어. 포도를 담을 양조통을 모두 옮겨서 세척을 해야 했던 거지. 통을 옮기는 과정에서 우리는 모두 다량의 이산화황에 노출되었고, 수시로 서로의 상태가 괜찮은지 확인하지 않으면 안 되는 지경이었어. 정말 끔찍했어. 나는 그 이후로 이산화황에 트라우마가 생겼어. 절대로 내 와인에는 이산화황을 사용하면 안 되겠다고 결심한 중요한 계기가 되었지. 이렇게 안 좋은 물질을 와인에 넣는다면, 절대로 좋은 와인이 만들어질 것 같지 않았거든." 그가 이야기한 대로 다량의 이산화황에 수 시간 노출되면 호흡 곤란이 올 수 있고, 잦은 기침과 어지러움이 생길 수도 있다.

이산화황과 관련된 이야기가 계속되었다. "나는 이산화황 사용에 대한 극단론자는 아니야. 필요한 경우에는 당연히 넣을 수도 있지. 하지만 4~5년 전부터는 극단론자가 아님에도 불구하고 사용을 전혀 안 하게 되더군. 예방 차원에서 미리 이산화황을 쓰지 않으니까, 나중에도 굳이 사용할 필요가 없는 거야. 왜냐하면 이산화황을 써야 하는 상황이라는 건 결국 늦은 거야. 문제가 생긴 다음에는 이산화황도 할 수 있는 일이 없어. 이산화황이 해결책은 아니야. 그냥 문제를 덮어 놓을 뿐이지. 게다가 와인에 뭔가를 넣어서 문제를 가리는 거잖아. 그게 좋을 턱이 없지."

그는 차라리 아주 가벼운 필터링을 선호한다고 한다. 박테리아나 볼라틸(Volatile, 아시드 볼라틸Acide volatile의 줄임말. 휘발성 산을 줄여서 볼라틸이라고 쓴다.)34의 방지를 위해서 그는 필터링을 활용한다.

"나는 차라리 볼라틸이 아주 높은 와인이지만
여러 가지 풍미가 넘치는 와인이 훨씬 좋아.
결점은 없지만 재미도 없는 와인보다는 말이야."

80년대 후반 그가 처음으로 상 수프르 와인을 시도한 이래 큰 실패는 없었는지 물었다. "난 잘못 늙어가고 있나 봐." 질문이 이상했던 것은 아닌데, 엉뚱한 대답이 나왔다. "나이가 들수록 신맛이 좋아, 신맛을 넘어 식초 같은 것도 좋고. 볼라틸도 신경이 안 쓰여." 아하, 와인에 대한 기존의 편견에 관해 이야기를 하는 거구나. 즉 지나친 산이나 볼라틸은 와인 양조에서 통상 결점으로 여겨지는데 브뤼노의 경우는 나이가 들수록 그런 문제들이 문제가 아닌 것처럼 느껴진다는 것이다. "나는 차라리 볼라틸이 아주 높은 와인이지만 여러 가지 풍미가 넘치는 와인이 훨씬 좋아. 결점은 없지만 재미도 없는 와인보다는 말이야."

이 대목에서 아까 함께 마신 그의 리슬링에 대해 이야기가 잠깐 나왔다. 아주 아름다운 볼라틸이 느껴졌기 때문이다. 미세한 볼라틸이 오히려 풍미를 더하고, 와인을 더욱 신선하게 느끼게 하는 매개체 같았다. "그렇지. 나는 이런 볼라틸을 사랑한다고. 전통적인 와인 교육을 받은 양조가나 소믈리에들은 끔찍하게 여기겠지만. 하하."

그의 와인에는 이산화황이 전혀 들어가지 않으니 보관이나 운송 과정의 걱정도 있을 것 같았다. "올해 3월에 일본을 방문했었지. 20년 가까이 파트너로 함께 일 하면서 한 번도 가본 적이 없었거든. 그런데 깜짝 놀랄 만한 일이 하나 있었어. 2017년산 실바너(Sylvaner)가 발효 과정에서 골치를 좀 썩였던지라 이 와인의 풍미가 과연 어떻게 발전하게 될까 내내 의심을 했었는데, 수입사에서 일본에 도착한 그 와인을 블라인드로 테이스팅한 거야. 마셔보니 어라, 이게 진짜 내 실바너 2017년산이냐고 되물을 정도로 상태가 좋았어. 안심도 되고 놀라기도 했지."

걱정은 했으나 결국 문제는 없었다는 이야기인데, 이렇게 양조 과정에서 실수나 실패가

34 휘발성 산은 와인으로부터 휘발되는 다양한 산의 조합을 의미하는데, 아세트산(네일 리무버 향)이 주도적이지만 젖산을 비롯한 다른 산도 섞여 있다. 이산화황을 넣지 않는 내추럴 와인의 경우는 정도의 차이는 있지만 볼라틸이 발생하곤 한다.

갓 병입한 피노 그리

없는 비결이 대체 무엇이냐고 물었다. 그는 만면에 웃음을 지으며 말했다. "나는 나에게 와인을 배우러 온 사람들한테 항상 이렇게 말하지. 이산화황을 넣지 않고 와인을 잘 만들려면 잠을 잘 자는 법을 알아야 한다고 말이야." 또다시 엉뚱한 대답이다. "좀 내려놓을 줄도 알아야 한다는 거지. 늘 초조하게 와인이 어찌 될까 마음 졸이며 기다리지 말고, 와인도 좀 쉬게 두어야 하지 않겠어? 항상 긴장하고 있다면 어떻게 좋은 결과를 얻을 수 있겠어. 와인을 믿고 기다려야지." "마치 자식을 기르는 것처럼?" 하고 물으니 "그래, 자식처럼. 알람빅(alembic, 증류기)에 넣고 증류를 해보면 모든 것이 드러나잖아? 알람빅은 거짓말을 하지 않거든. 포도밭과 양조장에서 해온 모든 일이 증류주를 통해 고스란히 드러나게 되지. 그런 의미에서 보면, 나는 지금껏 내 와인이 진짜 안 되겠다 싶은 정도로 상태가 나빴던 적은 없었던 것 같아." 밭에서 그리고 양조장에서 제대로 열심히 일을 한다면 그것이 곧 좋은 와인이라는 결과로 그대로 표현된다는 완곡한 설명이었다.

"그리고 하나 더, 되돌아볼 줄도 알아야 해. 알자스도 옥시다티프(oxidative, 산화된 와인을 의

"와인은 마시려고 만드는 거지, 전시용이 아니라고."

미함)가 정상적인 와인으로 통하던 시절이 있었거든. 19세기 말 20세기 초에는 쥐라의 와인과 함께 알자스의 옥시타디프가 네고시앙에서 가장 비싸게 거래되었지. 왜냐하면 그 와인들은 기나긴 여행에도 거뜬히 버티는 힘이 있었으니 말이야." 그래서 그 옛날 알자스의 와인은 내륙을 통해 러시아까지도 갔었지만, 당시 보르도나 론 와인들은 보존성의 문제로 그렇게 멀리까지 갈 수가 없었다.

그는 일찌감치 80년대 후반부터 기존과 전혀 다른 방식으로 포도밭을 경작하고 와인을 만들었는데, 주변 사람들의 반응이 어땠느냐고 물었다. "지금도 여전히 이상하게 보는데?" 라는 대답이 바로 돌아왔다. "우리 포도밭은 단정하게 예쁘지도 않고, 잡초가 너무 우거져서 포도밭인지 아닌지 잘 구분도 안 되는 데다, 수확량까지 적으니까 여전히 다들 이상하다고 생각하지. 지금 내가 살고 있는 마을에 내 또래의 와인 생산자가 열 명 정도 있는데, 가끔씩 나를 찾아오고 와인을 같이 마시는 사람은 단 한 명뿐이야. 하하."

"처음 몇 해는 와인을 팔려고 만든 것이 아니라 우리가 마시려고 만들었지. 내가 생각한 와인이 어떻게 만들어질까 궁금하기도 했고." 브뤼노는 이어서 이렇게 다른 방식으로 만들어진 와인을 어떻게 판매를 했는지 이야기를 풀어놓기 시작했다. "우선 몇 년을 기다려봤어. 숙성 후에도 과연 마실 만한지 보려고. 그리고 본격적으로 와인 판매를 하기 전 몇몇 개인 고객들에게 와인을 팔아봤어. 우리 와인을 마셔보고 사고 싶어 하는 고객들에게 말이야. 파리의 와인 바에 납품을 하기 시작한 것은 아마 1990년대 중반부터였던 것 같아."

"가끔 나를 찾아와서 오래된 빈티지 와인을 시음하고 싶다고 하는 사람들이 있는데, 없다고 하면 다들 왜 없냐고 되물어. 왜 없냐고? 그야 다 마셨으니까! 와인은 마시려고 만드는 거지, 전시용이 아니라고. 와인을 좋아하는 사람들이 찾아오면 나는 이것저것 꺼내 함께 마시곤 하는데, 그런 세월이 얼만데 아직까지 오래된 와인이 남아 있겠어. 난 유기농이니 비오디나미니 하는 것도 모르고 나 스스로의 원칙을 지킬 뿐, 인증서에도 관심이 없어. 물론 이런 고집 때문에 잃는 것도 있었지만 말이야."

유기농 인증서가 없어서 잃는 것이 있었다? 언제나 다들 구하지 못해 조바심을 내는 와인을 만들면서, 인증서는 또 무슨 이야기인가 싶었다. "유기농 인증서를 받으면 정부에서 1헥타르당 350유로를 5년간 지원해 주고(현재 그의 포도밭 면적으로 볼 때 5년간 대략 20,000유로 정도의 지원금이 된다), 연간 2,000유로의 세금을 절감해 주거든. 매해 6,000유로가 되는 돈을 아낄 수 있는 기회를 놓치는 거니까 돈을 잃는 거지." 프랑스는 이미 정부 차원에서 유기농을 장려하고 있다는 것이다. "하지만 난 인증서를 받고 이를 유지하기 위해 감독관이 나와서 이래라 저래라 하는 것이 싫거든."

브뤼노의 포도는 사실 유기농을 넘어 비오디나미로 경작된 지 오래다. 그는 어떻게 비오디나미 방식을 활용하는지 궁금했다. "1996년에 사촌인 장 프랑수아 갱글랭줴(Jean François Ginglinger, 브뤼노 쉴레흐의 사촌이자 알자스의 와인 생산자)와 함께 처음으로 비오디나미 트레이닝을 받았는데, 그러고 나서 장 프랑수아는 곧바로 비오디나미 경작을 시작했어. 문제는 그 후 감독관이 나와서 헛소리를 하면서 시작되었지. 장 프랑수아가 사용한 비오디나미 재료가 충분히 '활성화'가 안 되었다는 거야. 무슨 말도 안 되는 소리인지, 나 원. 슈타이너가 기술한 비오디나미는 기본적인 방향을 제시한 거지 구체적인 방법을 제시한 건 아니야. 적어도 내가 이해한 바로는 말이야.

기술이 현대화되고, 화학 약품을 많이 쓰게 된 현재는 예전의 '지식'을 잃었고, 이를 되찾아야 한다는 것이 비오디나미의 이론이지. 그 지식을 되찾으려면 시간이 걸린다고. 그런데 요즘의 비오디나미스트들은 어떤지 알아? 일 년 치 프로그램을 연초에 다 정해두고 이를 그대로 따라야 한다고 해. 한 해의 날씨가 어떻게 변할지 모르는데? 그때그때 맞는 방법을 찾는 게 맞지 않겠어?" 결국 그의 비오디나미 방식 역시 오직 스스로가 이해한 방법으로만 실행을 하고 있다고 한다. 자연이 주는 재해나 상황에 그때그때 대처하면서. 교과서적인 가르침을 싫어하고, 자기만의 방식을 찾아서 이를 고집하는 것은 모든 1세대 내추럴 와인 생산자들의 공통점인 듯하다. 또한 이것이 그들의 성공의 중요한 열쇠였음이 분명하다.

"사실 알자스는 30년 동안 와인이 너무 잘 팔렸어. 와인이 좋든 나쁘든 알자스 와인이라면 다 팔렸으니까. 2000년대 초반까지 알자스 와인은 넘치는 수요에 단 한 번도 충분히 공급한 적이 없었을 정도로 잘 팔렸는데, 최근 들어서 힘들어지기 시작했어. 지난주에 알자스 와인을 전문으로 하는 네고시앙이 나를 찾아왔어. 그는 꽤 유명한 사람인 데다 오랫동안 알자스 지역 와인을 유통하는 전문가였으니, 그동안 나 같은 사람의 와인에는 관심이 전혀 없었지. 그런데 그에게도 위기가 찾아온 거야. 와인 값이 자꾸 떨어지고, 값을 내려도 안 팔리니 말이야. 와인 생산자 두 명이 자살 시도를 했고 그중 한 명이 세상을 떠났을 정도로…. 반면에 나 같은 사람에게는 이런 위기가 따로 없거든. 과거와는 반대로 시장의 요구는 점점 더 커지고 있으니까."

그가 말한 네고시앙은 악화되는 시장 상황 속에서 새로운 돌파구를 찾아야 했고, 이를 위해 별 어려움 없이 와인을 팔고 있는 브뤼노를 찾아온 것이다. 무슨 좋은 방법이 있는지 들으려고 말이다. 그런데 브뤼노는 정작 그의 질문이 너무 웃겼다고 한다. "그가 그러더군. '내가 듣기로는 당신 와인은 대부분 다 산화되었다고 하던데…' 산화가 뭔데? 사실 제대로 와인의 향을 맡아보지도 않고 단지 색상만으로 판단하는 거지. 하지만 빈티지마다 포도가 표현하

는 색은 다 다른걸? 어떤 해는 물처럼 맑기도 하고, 예를 들어 올해의 피노 그리는 거의 로제(rosé) 같아. 자연이 하는 일을 인간이 어떻게 다 이해할 수 있겠어. 색이 짙거나 맑지 않다고 해서 무턱대고 산화되었다고 판단을 해버리는 건 편견일 뿐이야."

브뤼노는 주변 사람들과의 일화를 계속 이야기해주었다. "한번은 알자스의 젊은 와인 생산자 노동조합장이 찾아왔어. 익명으로 말이야. 정확히 말하면 나에게 자신에 대한 소개를 하긴 했지만, 다른 사람한테는 절대 본인이 브뤼노 쉴레흐를 찾아왔었다는 사실이 알려지면 안 된다고 몇 차례나 부탁을 하더라고. 이 사실이 알려지게 되면 자신의 입장이 매우 곤란해진다나. 그들은 나 같은 사람을 와인 생산자로 쳐주지 않으니 말이지. 하하."

그 조합장이 사는 마을은 과거 1여 년 전까지만 해도 단 한 명도 유기농작을 하지 않는 곳이었는데, 현재는 20여 명이 유기농으로 돌아섰다고 한다. "웃기는 점은, 지난 20여 년 동안 나 같은 사람은 와인 생산자로 취급도 안 하더니 이제는 유기농작을 하는 그 10여 명의 생산자들이 외부에 강의를 하고 다녀. 이렇게 하는 게 좋다, 저렇게 하면 안 된다는 둥. 물론 그들은 유기농법에 대해 모르는 게 없는 사람들이지. 하지만 그걸 진심으로 이해하고 나서 하는 말이 아니라 교과서와 레시피에 있는 그대로 앵무새처럼 반복하는 것뿐이야. 내 입장에서는 이런 상황을 지켜보는 게 참 흥미진진해."

"물론 우리 우리 집안 사람들 중에도 내가 만든 와인은 더 이상 와인이 아니라고 마시지 않는 분들도 있어." 그를 이상한 사람 취급하는 것은 비단 외부의 사람뿐만이 아니라 가족 중에도 있었다. "아버지의 사촌 한 분께서 파리의 꽤 높은 부르주아 집안의 사람과 결혼을 했는데, 그분이 보기에는 침전물도 있고 색도 혼탁하고 맑지 않은… 그런 와인은 와인이 아니라는 거였지. 하하." 그러한 편견은 그분이 받은 와인에 대한 기존 교육 탓이 아닐까 싶어 그

"자연히 하는 일을 인간이 어떻게 다 이해할 수 있겠어.
색이 짙거나 맑지 않다고 해서 무턱대고 산화되었다고
판단을 해버리는 건 편견일 뿐이야."

의 생각을 물어보았다. "아니, 그건 다른 것에 대한 두려움이야. '저건 내가 모르는 거니까 손을 대지 않을 거야'라는 자세지. 하지만 그러한 생각 역시 점차 바뀌어가고 있고, 또 바뀌어야 하지 않겠어?"

바로 그거다. 우리 모두가 바뀌어야 한다는 것, 다른 것을 인정하는 것. 잘 만들어진 내추럴 와인을 대하는 자세는 바로 이런 것이어야 하는 게 아닐까 싶다.

"사실 난 운이 좋았어. 우리 아버지는 내 마음대로 하도록 놔두시는 분이었으니까. 주변에 다른 사람들의 부모님은 그렇지 않은 경우가 더 많았거든. 와인은 이렇게 만들어라, 그렇게 하면 안 된다, 하고 말이야." 그에게는 또 다른 운도 있었다. 그가 와인을 만들기 시작할 당시가 알자스 와인이 워낙 잘 팔렸던 시기였던 덕에, 내추럴 방식으로 와인을 만들었음에도 불구하고 언제나 판매하는 데는 어려움이 없었다고 한다. 꽤 오랫동안 매해 크리스마스 무렵이면 와인이 한 병도 남아 있지 않을 정도였다고. 그의 와인은 이미 오래전부터 아주 잘 팔렸던 것이다. 지금처럼 여기저기 수소문해 찾아다녀야 할 정도는 아니었지만 말이다.

"사실 상 수프르 와인을 제대로 만들었는데, 그걸 못 팔았다면 문제가 있는 거야. 왜냐하면, 우리의 고객들은 언제나 존재했거든. 상 수프르 와인이 더 좋다는 것을 아는 사람들은 처음부터 있었어. 그리고 일찌감치 그들은 자신들이 원하는 와인을 찾아다니면서 구매를 했지." 하지만 내추럴 와인을 만들다가 힘들어서 결국 와인 양조를 포기하고 그만둔 사람들도 있는데, 그럼 그들의 진짜 문제는 무엇이었을까. "본인의 자존심 문제나 어떤 개인적 사정이 아니었을까 싶어. 사실… 진짜 좋은 와인 생산자가 와인 만들기를 그만둔 경우는… 내가 아는 바로는 아직 없었어. 와인을 잘 만들지 못했거나 다른 개인적 사정이 있는 거겠지. 이젠 나도 나이가 들었고, 하고 싶은 말은 솔직하게 해야지." 속내를 시원하게 털어놓으며 그는 이제 더 이상 새로운 친구를 만들지 않는다는 말도 덧붙였다.

혹시 다음 세대를 위한 내추럴 와인 양조 교육을 할 생각은 없는지 물었다. "안 그래도 요즘 그런 요청이 있어. 어떤 양조조합장이 나에게 젊은 사람들한테 어떻게 와인을 만들고 어떻게 팔아야 하는지 알려주라고 하더군. 젊은이들에게 용기를 주라는 거야. 몇 년 전부터 알자스 와인이 잘 안 팔리고 있으니까. 그래서 그들이 부모에게 포도밭을 물려받기를 꺼리게 될 수도 있으니까. 그 조합장이 보기에 내 와인은 다른 알자스 와인과 다르게 계속해서 잘 팔리고 있으니 비결을 나누어달라는 거지.

하지만 그동안에도 나는 내 도멘에 와서 일을 배우겠다고 하는 사람을 거절한 적은 없었어. 그러니 20년 넘게 나에 대해 조롱하고 좋지 않게 이야기한 사람들의 자식들을 위해 내가 먼저 나설 필요까지야 있을까." 오랫동안 주변 사람들에게 이상한 사람 취급을 받으며 알게 모르게 받은 상처가 그의 마음속에 남아 있는 듯했다.

"그런데 요즘 기분이 아주 좋은 건, 알자스의 크고 유명한 와이너리의 오너들을 만나면 하나같이 나한테 이야기를 해. '우리 아들이 당신 와인의 굉장한 팬이에요'라고. 그들의 아들들이 양조를 도맡아 하는 때에는 알자스도 많이 변하겠지. 정말 기쁜 일이야." 비록 그가 기존의 와인 생산자들과 다르다는 이유로 오랜 세월 이단아 취급을 받았을지언정, 그는 역시 자신이 태어나고 자란 알자스의 미래를 걱정하고 있었다. 시종일관 직설적인 것 같으면서도 유머와 따스함을 담아 이야기를 해주는 그의 성품이 그의 와인과 참 닮은 것 같다. 인터뷰를 마치고 돌아온 저녁, 그가 챙겨준 2018년산 게뷔르츠트라미너(Gewurztraminer)를 마셨다. 풍부한 향과 복합성, 무엇보다도 기분 좋은 볼라틸에 무척 행복한 기분이 들었다.

대표 와인

피노 그리 Pinot Gris

지역 알자스
품종 피노 그리

1975년 브뤼노는 아버지와 함께 무려 40여 종이 넘는 포도들이 심어져 있던 밭을 새로 바꾸기로 작정했고, 4년간 휴경을 한 후 그 밭에 피노 그리와 리슬링을 심었다. 처음부터 일체의 화학 약제를 사용하지 않아 이곳의 포도는 건강하고 에너지가 넘친다. 현재 평균 수령 35년인 나무에서 수확한 피노 그리를 매우 드라이하게 양조한 와인으로, 발효 기간은 해마다 다른 효모의 특성에 따라 결정되는데 대략 2주에서 길게는 6달까지 걸리기도 한다. 아주 잘 익은 복숭아, 살구, 배 향이 예쁘게 어우러지는 기분 좋은 와인이다.

리슬링 퀴베 파티퀼리에르 Riesling Cuvée Particulière

지역 알자스
품종 리슬링

브뤼노가 아버지와 함께 1975년에 심은 리슬링으로 모래 토양과 석회성 점토 토양이 섞여 있는 밭에서 자란다. 포도가 최고로 잘 익은 시점까지 끈기 있게 기다렸다가 수확하는 만큼, 잘 익은 감귤류와 리치 향의 풍미가 넘치며, 은은한 흰색 꽃 계열의 향도 느낄 수 있다. 발효 기간은 피노 그리와 마찬가지로 2주에서 6개월까지 해마다 다양하게 변동이 있다.

12

보졸레의 은둔자
이봉 메트라
Yvon Métras

아름다운 보졸레 지역 중에서도 특히 수많은 작은 언덕들이 정겹게 펼쳐진 플뢰리(Fleurie) 지역. 바로 이곳에 이봉 메트라(Yvon Métras) 와이너리가 자리 잡고 있다. 내가 이봉의 와인을 한국에 소개하기 위해 처음 이곳을 찾았던 날은 어느 가을날이었는데, 붉은빛과 노란빛으로 물든 포도나무 잎이 작은 언덕을 색색의 모습으로 채우고 있었다(아쉽게도 인터뷰 이후 촬영을 위해 다시 찾아간 플뢰리는 수확을 마친 한겨울의 모습이었다). 가을의 플뢰리는 경치만으로도 방문할 가치가 있을 정도로, 이 아름다운 땅에서 이봉은 때로는 절제됨을 때로는 자유로움을 담은 와인을 만든다.

쥘 쇼베와 자크 네오포흐의 계보를 잇는 보졸레 군단 중 한 사람인 이봉. 그를 처음 만난 것은 2014년이었다. 나는 그와 연락을 취해보려고 이리저리 수소문을 해보았지만, 번번이 난관에 부딪히곤 했다. 대부분의 1세대 내추럴 와인 생산자들이 그렇듯, 그 역시 연락이 닿기가 하늘의 별 따기였기 때문이다. 그러던 어느 날 마침내 그와 전화 연결이 되었다. "어디요? 한국이라고요? 나는 줄 와인이 없는데? 뭐, 오겠다는 걸 막진 않을게요. 어디 한번 와보세요. 대신 나는 며칠과 며칠 이외엔 시간이 없답니다." 그가 오라고 한 날짜와 시간에 맞추어 와이너리에 찾아갔으나… 아뿔사, 인터넷에 적혀 있는 그의 주소는 더 이상 유효하지 않은 주소였다. 다시 길을 물어 물어 약속 시간보다 거의 한 시간이나 늦은 시간에 간신히 도착을 했다.

이봉은 내가 약속 시간보다 늦게 온 탓에 내어줄 시간이 별로 없다는 말로 나를 맞이했다. 하지만 이야기와 시음을 진행하다 보니 그는 어느새 집에 있는 햄과 치즈를 꺼내왔고, 우리는 본격적으로 와인을 함께 마시며 이야기를 나누기 시작했다. 결국 거의 3시간이나 지난 후에야 나는 그의 '지도에도 잘 나오지 않는' 집에서 나올 수 있었다. 그는 상당히 까다로운 것 같으면서도 이런 재미난 구석이 있는 사람이었다.

Natural Winemakers

12
Yvon Métras

인터뷰는 돌로 지은 아주 오래된 그의 집 2층 서재에서 진행되었다. 포도밭이 한눈에 내려다 보이는 멋진 정경이 일품이었다. 가장 먼저 그에게 왜 내추럴 와인을 만들기로 했냐고 물었다. "시간이 지나면서 사람들이 일찍 죽는 이유가 살충제 등 포도밭에 사용하는 화학 약품 때문이었다는 걸 알게 됐거든. 할아버지와 아버지 두 분 다 일찍 돌아가셨는데, 밭에서 일하시다가 쓰러지신 적도 있었어. 그러니 그런 해로운 제품을 더 이상 쓰면 안 되겠다는 결론을 내린 거지."

"일단 화학 약품 사용을 눈에 띄게 줄이는 것부터 시작했어. 단번에 모든 것을 바꾼 것은 아니지만, 제2차 세계대전이 끝난 후부터 시작된 화학제품의 무분별한 사용을 막아야만 했으니까. 당시 사람들은 밭에서 마치 파리처럼 쓰러지곤 했어. 젊은 나이인 40대에 말이야. 이게 과연 우연이겠어? 이 지역에서 화학 약품 사용을 조심하기 시작한 사람들은 우리가 처음이었어." 그가 말하는 '우리'는 보졸레 지역의 1960년생들을 말하는 것이다. "학교를 마칠 때쯤인 1980년대부터 우리 세대는 아버지들과 할아버지들이 일상적으로 사용하던 화학 약품에 대해 재고하기 시작한 거야."

그는 계속해서 '우리'라는 말을 사용했다. 당시의 와인 생산자들 중에는 그와 같은 생각을 하는 친구들이 많았을까? "마르셀 라피에르, 장 폴 테브네, 기 브르통, 푸와야흐 등 5~6명 정도였어. 비이에 모르공(Villé-Morgon, 보졸레 지역의 마을)을 중심으로 대부분 모여 있었지. 사실 마르셀이 다 끌어모은 거야. 나도 마찬가지였던 게, 친형 두 명이 마르셀의 와이너리에서 일

했었거든. 나는 어렸을 때부터 그를 알고 지냈지만, 그와 와인에 대해 좀 더 심각하게 이야기를 나눈 것은 1985년 무렵이었을 거야."

"우리 집안은 대대로 포도밭을 가지고 있었는데, 할아버지는 와인을 만드셨지만 아버지는 포도밭 경작만 했을 뿐 와인은 만들지 않았어. 나는 양조학교를 졸업한 후 마르셀과 자크 네오포흐를 만나면서 지금의 길로 들어섰던 거지." 이봉도 두 사람처럼 쥘 쇼베를 만나 영향을 받았을까? "쥘은 거의 나타나지 않았어. 그는 우리에겐 '너무' 과학자였거든."

"사실 내가 쥘 쇼베의 와이너리에서 스타쥬(stage, 일종의 인턴)를 하기로 예정되어 있었어. 그런데 나중에 자크 네오포흐가 그 자리에 들어갔지. 알고 보니 내가 자크에게 밀렸던 거야. 하하. 당시 친구 하나가 먼저 쇼베의 와이너리에서 일을 했고, 그 친구가 나한테 같이 하자고 제안을 했던 건데…. 당시 우린 16살밖에 안 된 어린애들이었으니까… 조금 서운했지만 어쩌겠어. 하하." 내추럴 와인 1세대 생산자들의 궤적을 따라가다 보면 이렇게 서로 얽힌 에피소드들이 발생하곤 한다. "어쨌든 그 일은 내가 양조기술고등학교를 졸업하기 전 마지막 학년이었을 때의 일이고, 사실 난 학교를 마치고 나서는 와인을 만들고 싶은 마음이 전혀 없었어." 과연 그사이에 무슨 일이 있었던 것일까 당황스러웠는데, 뒤이어 계속된 그의 이야기를 들으니 수긍이 갔다.

"학교에서 양조 기술이라고 가르쳐 준 것들은 전부 끔찍했으니까. 와인에 이것저것을 넣으라고 하더군. 학교에서 배운 와인은 화학 약품투성이였고, 그러니 나중에는 아예 와인을 마시고 싶은 생각 자체가 없어지더라고. 학교에서는 단 한 사람도 깨끗하게(화학 약품 사용을 배제하고) 와인을 만들자고 제시하는 사람이 없었어. 결국 와인 말고 다른 걸 마셔야겠다고 생각했었지." 그리고 꽤 오랜 기간 동안 이봉은 와인에서 멀어졌었다고 한다.

마르셀 라피에르가 처음으로 상 수프르 와인을 만든 것이 1978년 빈티지였는데, 이봉은 이것을 몇 년이 흐른 후에 마셔봤고, 학교에서 배웠던 양조 방식과 완전히 다르게 만든 그 와인에서 새로운 가능성을 찾았다고 한다. "마르셀의 상 수프르 와인을 마시고 깨달았지. 아, 이렇게도 와인을 만들 수 있구나. 바로 이런 것이 와인이구나 싶었어. 어려서부터 마르셀과 알고 지냈지만, 시간이 한참 지난 후에야 그의 상 수프르 와인을 마셔봤던 거지. 나는 기존의

컨벤셔널 와인을 마시면 속이 거북하거나 병이 나곤 했었는데, 마르셀의 와인을 마시고 나서는 아무런 문제가 없었어."

내 주변에도 이봉 같은 친구들이 간혹 있다. 와인이 좋아서, 또는 사회생활을 하면서 필요에 의해 자주 마시기는 하지만 와인을 마시고 나면 소화가 잘 안 되거나 속이 거북하거나 하는 등의 불편함을 호소하는 이들이다. 이러한 이유로 평소 아주 조심스럽게 와인을 마시던 친구가 하나 있었는데, 내추럴 와인을 접하고 나서는 그런 불편함이 없어져서 마음껏 와인을 마시고 있다. 또 상 수프르 와인을 마시고 나서야 비로소 본인이 그동안 이산화황 알레르기가 있었다는 사실을 깨닫는 사람들도 있다. 이산화황을 사용하지 않은 와인은 아무리 마셔도 머리가 아프거나 속이 불편하지 않다는 이유로 많은 이들이 빠르게 내추럴 와인과 사랑에 빠진다. 아무래도 화학 약품이나 이산화황에 다른 이들보다 민감한 체질을 타고난 사람들에게는 내추럴 와인을 마시는 것이 일반 와인을 마시는 것보다 훨씬 좋은 선택임이 분명하다.

이봉 메트라의 '플뢰리(Fleurie)'(왼쪽)와 최상위 퀴베인 '퀴베 윌팀(Cuvée Ultime)'(오른쪽)

이봉의 이야기가 계속되었다. "나는 그동안 와인을 마시면 왜 속이 거북한지 왜 아픈 건지 전혀 알지 못했어. 그런데 상 수프르 와인을 마시고 나서야 확실히 깨달았지. 밭에서 사용하는 각종 화학 약품과 와인에 들어간 이산화황 등의 첨가물이 문제였다는 것을. 내추럴 와인을 마시고 난 후로는 이전보다 와인을 10배는 더 마시게 되었지. 속이 불편하지도 않고 몸이 아프지도 않으니까 말이야. 하하." 정말 그렇다. 와인을 많이 마신 다음 날 머리가 깨질 듯 아프거나 구토 증상이 없으니 나 역시 내추럴 와인을 접한 후에는 와인을 마시는 양이 늘었다. 하지만 주의해야 할 점은, 일반 와인과 내추럴 와인을 섞어 마시게 되면 이런 효과는 느낄 수 없다는 것이다.

제2차 세계대전이 끝난 후부터 여러 와이너리에서 접하기 시작한 살충제, 제초제를 비롯한 제품이나 이산화황의 과도한 사용은 지난 몇십 년간 지속되었다. 그리고 이에 대해 문제를 제기하는 사람이 거의 없는 상태로 세월이 흐르다가, 무언가를 깨달은 극소수의 사람들에 의해 내추럴 와인 양조라는 새로운 움직임이 시작된 것이다. 하지만이 움직임이 넓게 퍼지기까지는 상당한 시간이 필요했다. "우선 포도 수확량이 줄어든다는 것, 그리고 노동량이 몇 배로 늘어난다는 것… 사람들이 유기농법으로 전환을 꺼렸던 이유는 이거 말고도 많아. 그러니 시간이 오래 걸린 거지." 그가 처음으로 와인을 만든 것이 1988년이었는데, 그렇다면 상 수프르 와인을 처음 만든 해는 정확히 몇 년이었는지 물었다 "1994년이었어. 당시 나는 젊었고, 돈도 필요했고, 경험도 필요했고, 밭도 필요했지. 양조에 필요한 모든 걸 준비하느라 시간이 오래 걸렸고, 이 과정이 급하다고 생각하지도 않았어."

돈과 경험은 시간이 걸리는 문제였을 테고, 포도밭은 물려받은 것이 아니었을까 궁금했다. "일부는 물려 받았지만 나머지는 내가 천천히 구입했지. 내가 와인을 만들겠다고 작정했을 때는 와인 산업이 잘 되고 있던 시기라, 포도밭이 매물로 나오는 경우가 거의 없어서 꽤 기다려야 했거든." 내추럴 와인 양조를 익히기 위해 어느 와이너리에서 일했었는지 물었다. "당시 보졸레의 초창기 내추럴 와이너리에서는 다 조금씩 일해 봤지. 장 폴 테브네, 프티 막스, 장 푸와야흐 등. 그리고 마르셀하고는 일을 같이했다기보다 와인에 대해 의견을 나누려고 자주 찾아가는 사이였어. 장 폴과 프티 막스와는 와인을 같이 만들어 보기도 했지. 당시 나는 아버지 포도밭 중 가장 좋은 땅에서 나온 포도와 장 폴과 프티 막스의 포도를 섞어서 상 수프르 퀴베를 한번 만들어 봤거든. 과연 잘 만들어질까 궁금하기도 했는데, 와인이 아주 잘 완성되었어."

그의 아버지의 포도밭도 유기농이었는지 궁금했다. "아버지는 제초제 등 화학 약품을 오랫동안 사용하진 않으셨어. 게다가 60세에 일찍 포도밭 일을 관두셨지. 그래서 나는 화학 약품이 거의 닿지 않았던 땅을 운 좋게 아버지한테 물려받을 수 있었던 셈이야. 무척이나 경사가 심한 땅이라 포도를 경작하기는 어렵지만, 그 밭에서는 아주 좋은 포도가 나와. 하지만 그것만으로는 생산량이 부족해서 꽤 오랫동안 다른 깨끗한 땅을 찾아 다녀야 했어. 그 후엔 그 땅들을 제대로 살려내는 작업을 하는 데 다시 또 많은 시간이 더 들었고. 그래서 1994년에 본격적으로 내 와인을 만들기 시작했을 무렵에는 이미 모든 것이 준비된 상태였어." 당시 플뢰리 지역에서 유기농작을 하는 생산자는 이봉 혼자뿐이었다고 한다. 시간이 조금 지난 후에 다른 와인 생산자들도 유기농법을 시작했지만 이봉의 포도밭처럼 심한 경사지는 아니었고 대부분 평지였다고.

포도밭에 관한 이야기가 계속되었다. "시작할 때는 1헥타르였는데, 지금은 5헥타르야. 최근 20년간은 계속 5헥타르를 유지하고 있지. 그 이상은 제대로 밭을 돌보기가 힘들거든." 밭을 제대로 돌보려면 면적에 한계가 있으니, 그래서 내추럴 와인은 대량 생산이 불가능한 것이다.

1994년에 처음 내추럴 와인을 만들기 시작하면서 겪은 어려운 일은 없었는지 물었다. "좋은 땅이 있었고, 오랫동안 양조에 대한 준비를 해왔기 때문에 나 자신도 충분히 마음의 준비가 되어 있었지. 그리고 플뢰리 지역에서 내추럴 양조를 하는 사람은 나 혼자였기 때문에 소비자들도 바로 인정을 해줬던 것 같아. 큰 어려움은 없었어. 경사가 매우 심한 땅에서 일하는

"우리 세대는 아버지들과 할아버지들이
일상적으로 사용하던 화학 약품에 대해
재고하기 시작한 거야."

"내추럴 와인 선구자들이
와인 판매에 어려움을 겪었을 거라고 다들 생각하지만
실제로는 그렇지 않았어."

게 제일 힘들었지. 내추럴 와인을 찾아다니는 사람들은 주로 파리에 있는 비스트로나 와인 바 오너 예닐곱 명이지만, 내 첫 고객은 그들이 아닌 네덜란드의 한 와인 수입상이었어. 마르셀의 소개로 알게 된 사람이었는데, 그가 내 와인을 산 첫 고객이었지."

그가 내추럴 와인을 만들기 시작했을 때는 파리의 내추럴 와인 바 오너 1세대 중 마지막 주자라고 할 수 있는 장-피에르 호비노가 와인 바를 운영하고 있을 무렵이었다. 당시 파리 거래처와의 관계는 어땠는지 물었다. "그들은 거래처라기보다 친구에 가까웠어. 그들 자신도 엄청나게 와인을 마시는 사람들이었거든. 아마 주문한 와인들 반은 본인들이 마시려고 샀을 거야."

"내추럴 와인 선구자들이 와인 판매에 어려움을 겪었을 거라고 다들 생각하지만 실제로는 그렇지 않았어. 몇 안 되는 생산자들이 소량의 와인을 생산했고, 그 와인들이 충분히 소비될 만큼의 시장이 이미 파리에 있었거든. 가끔씩 와인 살롱을 열고 시음회를 하기도 했지만, 사실 와인을 판매하기 위한 목적보다는 우리끼리 만나서 재미나게 놀려고 한 행사였어. 와인을 팔려고 한 적은 없었어." 약간은 잘난 척(!)을 하는 듯한 말이었지만 이봉 특유의 느긋하고 느린 말투에 얹어져, 그저 재미난 농담처럼 들렸다. 당시 생산량은 적었지만, 딱 그 정도를 소비할 시장이 있었다니 꽤 이상적인 환경이었을 것 같다. 현재 우리의 상황을 보면, 내추럴 와인의 공급은 급격하게 늘고 있지만 이를 모두 소화할 소비 시장의 증가는 조금 더딘 편인 지라 그의 말이 부럽게도 들렸다.

"와인만 열심히 잘 만들면 무조건 다 팔렸으니까." 이어지는 그의 말에, 문득 현재의 내추럴 와인 시장, 특히 1세대와는 다른 완성도를 가진 트렌디한 내추럴 와인에 대해서 그는 어떻게 생각하는지 물었다. "요즘의 내추럴 와인 양조에는 수많은 변수가 있지. 유행을 좇고

트렌드에 민감한 젊은이들, 그들 모두가 경쟁력이 있다고 생각하지는 않아. 너무 빨라. 내추럴 와인에 대한 깊은 성찰과 학습도 하기 전에 이미 내추럴 와인을 만들고 있는 젊은이들이 있거든. 물론 그중에는 아주 뛰어난 재능을 가진 젊은 생산자들도 많지. 하지만 그렇지 않은 경우라면 반대로 평생 힘들어질 수도 있어. 와인을 잘 만든다는 것은 단번에 되는 일이 아니고, 많은 시간이 필요한 일이기 때문이지. 그저 내추럴 와인 마시는 걸 좋아한다고 해서 와인을 잘 만들 수 있는 건 아니지 않겠어?"

여러 해 동안 좋은 땅을 찾아다니고, 여기저기 친구들의 와이너리에서 일도 해본 이봉은 본인의 경험을 담은 솔직한 걱정을 털어놓았다. "와인을 판매할 때는 사는 사람에 대한 존중이 있어야 해. 무슨 이야기인가 하면, 병입했다고 해서 바로 팔면 안 된다는 거야. 와인이 마시기에 좋은 상태가 될 때까지 기다릴 줄 알아야 해. 물론 경제적인 이유로 와인을 얼른 팔아야 할 수도 있고, 현재의 시스템은 무엇이든 빨리빨리 움직이게 되어 있으니 충분히 기다리는 과정이 쉽지는 않겠지. 현재의 내추럴 와인 시장에서 가장 큰 문제는 바로 이 '속도'라고 생각해. 모든 것이 너무 빨라."

이어지는 그의 이야기에는 한층 깊은 우려가 담겨 있었다. "내추럴 와인을 제대로 컨트롤 못 하는 와인 생산자들이 생기니, 결국 그들은 살짝 속임수를 쓰기 시작하지. 필터링을 하고, 이산화황을 넣고, 양조 과정 중 '유기농 와인 인증'에 허용된 첨가물을 살짝 넣는 개입을 하고… 다른 업계나 별반 다르지 않은 일이 내추럴 와인 업계에서도 발생하는 거야. 이런 와인들은 생산량이 당연히 많고, 펑키하고 재미난 레이블을 붙이니 시장에서는 잘 팔리고 있어."

이러한 와인 중에는 포도주스를 살균해서 발효를 시키는 반칙을 쓰는 것도 있다. 대신 그런 와인들은 프랑스의 경우 대형 슈퍼마켓의 와인 코너를 통해 '내추럴 와인'이란 카테고리로 판매되는데, 사실 같은 값이라면 그래도 컨벤셔널 와인보다는 낫지 않을까? "그거야 그렇지. 나 역시 만약 내추럴 와인이 없는 나라에 가게 되거나, 또는 내추럴 와인을 취급하지 않는 레스토랑에 가게 되면 적어도 레이블에 유기농 표기가 되어 있는 와인을 찾아 마시니 말이야. 다른 대안이 없을 때 마시긴 하지만 유기농 인증 마크가 허용하는 여러 가지 첨가물을 알고 있는 나로서는 찜찜한 것은 어쩔 수 없어."

제대로 된 내추럴 와인 양조를 다음 세대에 적극적으로 전달해야 그런 문제들이 덜 발생하지 않겠느냐는 의견을 내보았다. "속도가 중요하다고 생각하는 사람들은 나 같은 사람의 노하우를 별로 궁금해하지 않을 수도 있어." 맞는 말이다. 그럼 지금까지 그가 양조를 가르쳐준 젊은 와인 생산자들은 누구일까. "사실 내가 뭔가를 가르쳐주었다기보다는, 그들이 그들의 개성대로 와인을 잘 만들 수 있도록 도와준 것뿐이지. 그들과 나는 주어진 환경도 다를 것이고 감각도 다를 테니, 그들만의 방법을 찾아가도록 가이드 역할을 했다고 해야 하나. 쥘리 발라니(Julie Balagny)를 포함해 몇몇 젊은이가 있었는데, 사실 내가 조언을 했다고 해서 나의 제자라고 할 수는 없어. 왜냐하면 자신만의 와인을 만들기 시작하면 그때부터는 온전히

"현재의 내추럴 와인 시장에서
가장 큰 문제는 바로 이 '속도'라고 생각해.
모든 것이 너무 빨라."

자기 방식대로 발전을 시켜나가니까. 나의 방식과는 완전히 달라질 수도 있지. 하지만 내 아들 쥘(Jules)은 다르지. 우리는 매일 함께 일하고 그가 와인 생산자로서 성장하는 동안 내가 늘 같이 있으니 말이야. 이 경우라면 나의 제자라고 할 수 있겠지?" 아들이라면 그의 후계자이지 제자는 아닐 텐데, 이봉은 은근히 단어 선택에 신중함을 보였다. 쥘은 뉴질랜드 등 다른 나라를 돌며 와인 양조를 했었는데, 결국 그를 끌어당긴 것은 보졸레의 가메였고 2013년부터는 아버지인 이봉의 옆에서 자신의 와인을 만들기 시작했다.

앞으로도 오랫동안 좋은 와인을 만들어서 한국을 비롯한 전 세계의 내추럴 와인 애호가들을 행복하게 해주길 바란다는 통속적인 말로 인터뷰를 마무리하려는 나에게 그는 뜻밖의 대답을 내놓았다. "나는 그동안 일을 너무 많이 했어. 이제 좀 쉬려고 해. 젊은 시절부터 몸을 쓰는 일을 계속해와서 이제 그만할 때도 되었지." 특유의 느긋하고 느린 말투로 솔직한 심정을 털어놓는 그의 모습이 그 어느 때보다 인간적으로 보였다. 하지만 내추럴 와인 양조를 시작하는 데 거의 10년이 걸린 만큼, 일을 내려놓는 것도 분명 오래 걸릴 것임이 확실하다. 준비성이 철저한 그의 성격상, 어쩌면 더 오래 걸릴 수도 있을 것이라는 나의 예견에 그는 말없는 웃음으로 답했다. 언젠가 머지 않은 미래에 한국에서 보자는 말로 인사하며 돌아서 오는 길에 양옆으로 펼쳐지는 플뢰리의 파란 여름 언덕은 가을의 아름다움과는 다르지만, 여전히 아름다웠다.

대표 와인

보졸레Beaujolais

지역 보졸레
품종 가메

화학 약품을 전혀 쓰지 않은 땅에 1991년에 심은 가메로 만든 와인. 이봉의 보졸레 밭은 화학 약제를 쓰는 이웃도 전혀 없어서 완벽하게 깨끗한 포도가 경작되는 땅이다. 오크 숙성은 거의 하지 않고 퀴브(Cuve) 숙성만을 거친 이 와인은, 과일 자체에 대한 집중력이 뛰어나며 매우 섬세하고 유연한 모습을 보인다. 잘 익은 붉은 체리, 라즈베리와 신선한 각종 허브의 뉘앙스가 미묘하게 잔류된 탄산과 복합적으로 어우러진다.

플뢰리 비에이유 비뉴Fleurie Vieilles Vignes

지역 플뢰리, 보졸레
품종 가메

플뢰리의 가장 좋은 테루아인 라 마돈(La Madone)과 그리유-미디(Grille-midi)의 비탈진 구릉에서 나오는 가메로 만든 와인. 포도나무의 평균 수령은 75세이다. 이봉이 만드는 가장 높은 등급의 퀴베인 윌팀(Ultime)은 100세 이상의 포도나무에 좋은 포도가 열리는 해에만 만들어지며, 그렇지 않은 해에는 그 포도가 이 플뢰리 비에이유 비뉴에 블랜딩된다. 디캔팅이 필요하며, 마시기 전까지 시간이 필요한 와인이지만 한번 열리기 시작하면 우아함과 힘을 함께 보여주는 와인이다.

13
완벽함을 기다리는 사람
필립 장봉
Philippe Jambon

보졸레 북쪽 끝 지역과 마콩 남쪽 사이에서, 가장 구하기 힘들다고 알려진 와인을 이따금씩 생산하는 필립 장봉(Philippe Jambon). 이따금이란 표현은, 본인이 만족할 만한 수준까지 숙성이 되지 않으면 3~5년은 기본이고 10년 이상도 더 숙성을 하기 때문에, 어떤 해에는 병입한 와인이 전혀 없는 경우도 있기 때문이다. 이렇게 오랫동안 숙성을 거친 와인을 병입하게 되면 와인이 병 안에서 안정을 취해야 하는 기간도 길어지므로 출시까지는 다시 또 몇 년을 기다려야 하는 일도 종종 있다. 게다가 3.5헥타르 정도로 얼마 되지 않는 면적의 그의 포도밭은 지난 몇 년간 정상적인 작황을 보여준 적이 없었다. 냉해, 서리, 우박 피해 등 갖은 자연 재해로 인해 포도의 소출 자체가 매우 작았던 것이다. 따라서 필립의 와인은 더더욱 애호가들이 애타게 기다리는 와인이 되었다.

1997년에 처음 와인을 만들자마자, 그의 와인은 내추럴 와인 업계의 스타로 떠올랐다. 그가 오랫동안 소믈리에로서 일하며 갖춘 다방면의 해박한 지식과 양조에 대한 확고한 철학 덕분이었을 것이다. 2014년, 내가 내추럴 와인을 한국에 처음 소개를 해야겠다고 작정을 하고 여기 와인 생산자들을 찾아다녔던 시기에도 그의 와인은 나의 첫 번째 리스트에 들어 있을 정도였다. 그러나 그를 만나기는 하늘의 별 따기처럼 어려웠고 거의 일 년 만에 간신히 약속을 잡았지만, 그의 도멘에서 조용히 시음을 하며 만날 수는 없었다. 그를 겨우 만난 것은 루아르의 유명한 내추럴 와인 살롱인 라 디브 부테이(매년 2월 초 루아르의 소뮈르 Saumur에서 개최되는 프랑스 최대 규모의 내추럴 와인 행사)에서였다. 나는 전 세계에서 모인 어마어마한 인파를 뚫고 어렵게 그를 만날 수 있었다. 정신없는 행사 중에 제대로 이야기가 되었을 리 만무했지만, 그가 꺼내 놓은, 완성되려면 아직 몇 달 남았다는 와인의 매력에 푹 빠졌던 기억이 난다. 그 이후에도 그와 연락이 닿지 않아 꽤 오랫동안 마음고생을 했다.

그리고 드디어, 어느새 서로 편하게 말도 놓고 한국 시장에 대한 애정도 갖게된 필립을 어렵지 않게 인터뷰하게 되었다. 나는 그가 가족과 함께 살고 있는, 200년이 넘은 가축 축사를 개조한 카브 겸 자택을 찾아갔다.

13
Philippe Jambon

정원의 나무 아래 놓인 의자에 앉아서 인터뷰를 시작하려는 찰나, 대뜸 날카로운 질문이 먼저 날아온다. "영선, 너는 돈을 위해 책을 쓰는 거야, 아니면 네가 정말 하고 싶은 내추럴 와인 이야기를 하고 싶어서 책을 쓰는 거야?" 질문이 돌직구에 직격탄이다. 필립은 늘 그렇다. 변화구는 통하지 않는다. '유명 작가도 아닌 내가 돈을 위해 책을 쓰는 게 가능하다고 생각해?' 농담을 할까 진심을 전할까 아주 잠시 망설이는 사이, 그가 목부터 축이자며 와인 한 병을 딴다.

필립 장봉의 트랑슈(Tranche) 시리즈. 필립 장봉이 양조 과정을 돕고, 포도밭 경작에 대해서도 조언을 해주는 친구들 도멘에서 생산된 와인들이다. 장봉(Jambon, 프랑스어로 '햄'이란 뜻)이란 단어의 어감을 희화해서 트랑슈(tranche, 조각을 뜻하며 햄 등을 자르는 단위를 일컫는다) 시리즈를 개발했다고 한다. 레이블의 재미있는 돼지 그림 때문에 일명 '돼지 와인'으로도 불린다. 도멘 필립 장봉의 와인이 워낙 극소량 생산되고, 그마저 해마다 출시되는 것도 아니라서 필립은 이렇게 트랑슈 시리즈를 개발해 그의 손길이 담긴 와인을 소비자들에게 선보인다.

트랑슈 파라디(Tranche Paradis)[35]는 짧은 숙성을 거쳤음에도 바디감이 탄탄하고 과일 향이 매우 기분 좋다는 이야기를 하며 즐겁게 와인을 마시고 있는데, 갑자기 필립은 프리머 와인들에 대한 솔직한 의견을 내놓는다. "프리머 와인으로 널리 알려진 보졸레 누보. 사실은 이

35 일종의 프리머 와인으로, 장기 숙성을 거치지 않고 발효가 끝난 후 마시기에 적당한 시기에 바로 시장에 내놓는 와인이다. 단순한 방식으로 양조를 하고, 심플한 과일 향을 지닌 맛있는 와인이다.

게 말도 안 되는 거라고." 프리머 와인의 대명사인 보졸레 누보가 왜 말이 안 되냐고 물으니 "출시 시기를 미리 정해 놓는다는 것이 말이 안 되는 거지. 해마다 양조 과정에서 일어나는 천연 효모의 성격이 다 다르기 때문이야. 어떤 해에는 알코올 발효가 후다닥 끝나기도 하고, 또 어떤 해에는 발효가 느리게 진행되지. 게다가 알코올 발효를 마친 후 마시기에 적당한 정도가 되기까지 걸리는 기간도 며칠부터 몇 달까지 천차만별이기 마련인데, 어떻게 콕 집어서 11월 셋 째주 목요일에 와인을 출시하냐는 말이지!" 사실 매년 11월 셋째 주 목요일에 전 세계에서 동시 출시되는 보졸레 누보는 천연 효모에만 의존해 만들어지는 와인이 아니고, 배양 효모를 충분히 넣어서 양조를 한다. 이 사실을 필립도 당연히 알고 있으니, 빗대어 비난하는 것이다.

그의 첫 빈티지가 1997년이었으니 20년 전인 1997년에 처음으로 와인 생산자가 된 것인지 물었다. "아니, 난 그때부터 와인을 만들기 시작한 거지, 특별히 와인 생산자가 된 것은 아니었어." 그저 와인을 만들기 시작했을 뿐, 와인 생산자라는 거창한 명칭은 어울리지 않는다

"내추럴 와인을 마시고 나니,
'아, 내가 아무것도 몰랐구나'라는
생각이 들더라고."

고 에둘러 말한다. 그럼 와인을 만들기 전에 그는 무슨 일을 했을까. 그는 어린 시절에는 음식과 와인을 배우고, 소믈리에 공부를 한 후에는 와인 비즈니스도 잠깐 공부했었다고 한다. 하지만 와인 비즈니스가 어떻게 돌아가는지를 알고 난 후에는 본인의 길이 아니라는 생각을 했다고.

"1990년 소믈리에로 일하던 시절, 처음으로 내추럴 와인을 만났지. 당시 유명한 셰프였던 파스칼 상타이예(Pascal Santailler)와 함께 일하던 시절이었어. 갓 스물이었던 나는 다른 청춘들이 그러하듯 이미 모든 것을 알고 있다고 생각했어. 소믈리에로서 자격증을 갖추면 뭐든 다 안다고 생각한 거지. 그런데 내추럴 와인을 마시고 나니, '아, 내가 아무것도 몰랐구나'라는 생각이 들더라고. 소믈리에로서 지금껏 그랑 크뤼 와인이 최고인 줄 알았는데, 내추럴 와인을 마시고 나서는 이런 와인이야말로 제대로 된 그랑 크뤼 와인이란 생각이 든 거지." 당시 그는 제대로 충격을 받았던 것 같다. 왜냐하면 그 사건 이후로 그는 보르도의 특급 샤토나 부르고뉴의 그랑 크뤼를 서빙하던 소믈리에 일을 아예 그만두었으니 말이다. 더 이상 소믈리에를 계속할 이유가 없어서였다고 한다.

그의 생각을 완벽하게 바꾼 그 와인이 어떤 와인이었는지 궁금했다. "내가 내추럴 와인을 처음 접한 곳은 여기서 한 시간 반 정도 걸리는 스위스의 한 고급 레스토랑이었어. 당시 나는 아주 유명한 레스토랑의 소믈리에였기 때문에 좋은 음식을 맛보는데 나름 익숙했지. 그런데 스위스의 그 레스토랑은 음식이 정말 좋더라고. 그렇게 좋은 음식을 만드는 레스토랑의 셰프가 식사가 끝난 후 같이 한잔하자며 와인을 하나 가지고 왔는데, 생전 처음 보는 와인이었어. 모르공(Morgon) 와인이었지. 마침 모르공은 내가 태어나고 자란 곳에서 별로 멀지 않은 지역이라 그 정도의 우연이 재미있었을 뿐, 내가 전혀 모르던 와인이니 그게 맛있을 것이라고 상상이나 했겠어? 당시 나는 와인에 대해 뭐든지 안다고 생각하는 스무 살이었으니 말이야. 하하."

그는 당시의 흥분을 지금까지 생생하게 기억하고 있었다. "다 안다고 생각하던 나에게 나타난, 전혀 이해할 수 없지만 끝내주게 훌륭한 그 와인에 대해 다급하게 셰프에게 물었지. 어떤 방법으로 만들었기에 이렇게 맛이 좋은지 말이야. 그가 해준 대답은 '그야 좋은 포도를 발효시켰기 때문이지.'였어." 이때 그가 처음 만난 내추럴 와인이 바로 마르셀 라피에르의 모르공이었다.

그가 일하던 레스토랑의 셰프인 파스칼 상타이에는 당시 에르미타주의 내추럴 와인 생산자인 다르 & 히보, 남부 론의 필립 로랑(Philippe Laurent, 도멘 그라므농Domaine Gramenon의 작고한 와인 생산자)과 친구였기 때문에 필립은 파스칼을 따라 자연스럽게 내추럴 와인으로 빠져들 수 있었다. 사실 그는 소믈리에란 직업이 좋아서 선택한 것이 아니었고 나중에 포도밭

5년의 숙성을 거치고 막 병입된 '렌느(Leynes)' 2012.
병입된 상태로 1~2년을 안정시킨 후 시장에 내놓을 예정이다.

을 사서 와인을 만들기 위한, 즉 돈을 많이 벌려는 목적으로 시작했단다. "하지만 돈이 제대로 모일 리가 없었지. 조금만 모이면 좋은 와인을 사서 마시고, 좋은 음식점 가서 먹고… 모으는 족족 바로 써버리곤 했지 뭐. 하하."

독특하게도 그는 다른 누군가로부터 내추럴 와인 양조를 배워서 시작한 것이 아니라, 스스로 와인을 만들어가면서 실수를 통해 배우는 방식을 선택했다고 한다. 그의 곁에서 따로 조언을 해주는 와인 생산자들도 전혀 없었다고 하니, 그러한 과정에서 어마어마한 실수들이 있었을 것 같은데 어떠했느냐고 물었다. "당연히 많았지. 심지어 모든 최신 양조 기술을 동원하고 첨가물을 듬뿍 넣는 컨벤셔널 와인 양조에서도 실수가 생기는데, 내추럴 와인 양조는 말해 뭘 하겠어." 손사레를 치며 말도 말라는 필립의 행동에서 그동안 꽤 많은 실패를 경험했구나 짐작이 갔다. "내추럴 와인은 양조 과정 중 수정이 가능한 물질을 전혀 넣지 않기 때문에 실수가 고스란히 실패로 이어질 수밖에 없어. 일반 와인의 경우에는 어느 정도의 실수를 커버할 수 있는 장치나 가능성이 있기 때문에 발효가 잘못되어도 와인이 식초가 된다든가, 박테리아에 감염된다든가 하는 진짜 실패는 아니지. 절반의 실패라고나 할까…."

"일반 와인을 양조하다가 뭔가 잘못된 경우, 아주 좋은 와인을 만들기는 힘들겠지만 실수를 만회하기 위해 수정을 거듭하다 보면 괜찮은 와인 정도가 나오겠지? 하지만 나는 언제나 '예외적으로 흥미로운' 와인을 만들고 싶거든. 그런데 예외적으로 흥미롭다는 것은 좋다, 더 좋다는 것과는 다른 의미인 거지. 나는 작은 땅에서 적은 수확량으로 소량의 와인을 생산하잖아? 얼마나 다행이야, 모든 사람들이 내 와인을 좋다고 생각하는 게 아니니 말이야. 화학 약품이 많이 사용된 일반 와인에 입맛이 길들여진 소비자는 아무것도 넣지 않은 내추럴 와인을 접하면 당황하는 경우가 대부분이라, 내 와인이 이상하다고 생각하는 사람도 많을 거

"내추럴 와인은 양조에서 수정이 가능한 물질을
전혀 넣지 않기 때문에
실수가 고스란히 실패로 이어질 수밖에 없어."

야. 내 와인이 좋다고 하는 사람들한테만 판매해도 부족한 판에 차라리 잘 된 거지."

이건 또 무슨 말도 안 되는 논리인가. 직설 화법의 대가인 필립은 엉뚱한 논리를 펼치면서도 도대체 거침이 없다. "나는 와인을 만드는 과정에서 모르는 것이 무척 많은 사람이었어. 트랙터를 몰 줄도 몰랐고, 땅을 어떻게 경작해야 하는지도 몰랐지. 그런데 내가 정확히 아는 몇 안 되는 것 중 하나가 내추럴 와인의 맛을 정확히 판단하는 일이었던 것 같아."

집안 대대로 와인 양조를 해온 것도 아닌 필립이 현재의 포도밭을 선택하게 된 이유가 궁금했다. "땅을 보러 다니면서 각각의 땅에서 나온 와인들을 마셔봤지. 물론 당시 이 지역에는 유기농 경작이라는 것이 존재하지 않았어. 그런데 그 중 보졸레 빌라주를 만드는 한 곳의 와인이 유난히 훌륭하더라고. 알아봤더니 원래 이곳의 와인이 맛 좋기로 유명하다는 거야. 게다가 보졸레 빌라주 등급이라 땅값도 별로 안 비쌌고. 만약 보졸레 크뤼가 나오는 땅이었다면 아마 못 샀을 거야." 어떤 보졸레 크뤼 와인들은 일반 빌라주 등급보다도 품질이 못한 경우가 종종 있다. 물론 이를 알아보고 판단하는 것은 온전히 소비자의 몫이다.

1990년대 후반이라면 내추럴 와인을 전문적으로 취급하는 와인숍과 비스트로가 파리를 중심으로 어느 정도 생겨나던 시점이었기 때문에, 필립은 와인 판매에 특별한 어려움은 없었을 것 같았다. 게다가 워낙 생산량이 적었으니 말이다. "내추럴 와인만 마시는 소비자층이 적지만 형성되어 있던 파리 마켓은 어렵진 않았어. 그리고 그때도 이미 유명했던 다르 & 히보의 르네-장이 자신의 고객들을 내 쪽으로 밀어주기도 했고. 그의 가이드로 파리의 주요 내추럴 와인 명소에 내 와인이 곧바로 리스팅이 되기 시작했지. 1998년에 이미 카브 오제에 들어갔고 1999년부터는 일본에 수출이 되기 시작했어."

1999년에 이미 일본 수출을 시작했다니… 그럼 한국이 일본보다 15년 늦은 거네, 라는 나의 말에 필립은 이렇게 답했다. "늦은 게 어디 있어. 아직도 내추럴 와인을 이해하지 못한 나라들에 비해서는 앞선 거지. 인생에 '늦었다'란 단어는 어울리지 않아."

필립은 그의 적은 생산량을 보완하기 위해 주변에 있는 동료 와이너리의 양조 및 포도밭 경작을 조언해주고, 그렇게 생산된 와인을 트랑슈 시리즈로 판매하고 있다. 일종의 네고시앙 시스템이라 볼 수 있는데, 트랑슈는 햄의 조각을 세는 단위로 그의 성인 장봉(Jambon, 햄이란 뜻의 프랑스어)과 맞물려 묘하게 웃음을 짓게 한다. 트랑슈 핀느(Tranche Fine, 얇은 햄 조각), 트

필립의 포도밭에서 나온 화석들

"나는 언제나 '예외적으로 흥미로운' 와인을 만들고 싶거든."

랑슈 파라디(Tranche Paradis, 천국의 조각), 트랑슈 누벨(Tranche Nouvelle, 새로운 조각) 등 각 와인의 이름 모두 위트가 넘친다.

필립은 자신에 대한 이야기를 계속해서 이어갔다. "모든 것을 안다고 자부했던 나의 20대 초반. 그때 좋아했던 그랑 크뤼 와인들을 지금 마실 수 있을까? 와인은 그대로지만 내가 변했어. 이제는 마실 수가 없어. 내추럴 와인의 좋은 점은 건강한 포도 이외에 아무것도 넣지 않는다는 건데, 그것이 우리 몸에서 좋은 방향으로 작용하고, 그걸 신체가 그대로 느끼거든. 특히 알레르기가 있는 사람들에게는 그 반응이 훨씬 빠르지. 하지만 내추럴 와인이라고 해서 다 맛있는 건 아니야. 예를 들어 첨가물을 넣지 않은 내추럴 와인이지만 맛이 썩 훌륭하진 않은 와인을 생각해보자고. 그렇다면 그 와인은 내 입보다는 내 몸이 더 좋아하는 와인일 거야. 결국 나는 맛이 있고 없고를 떠나 일단은 내추럴 와인만 마신다는 이야기겠지? 하하. 이번에는 그 반대를 생각해 보자고. 입안에서는 꽤 괜찮네 싶어도 몸에서는 그다지 괜찮지 않은 와인이겠지? 그런데 그런 와인은 잘 마시지 않게 되더라고."

사실 나 역시 시간이 갈수록 점점 더 일반 와인은 안 마시게, 아니 못 마시게 되었는데, 대체 무슨 이유로 이렇게 된 걸까 생각해본 적이 있었다. '내추럴 와인은 살아 있는 음료라서 그 안에 에너지가 있는 것이 아닐까'라는, 어쩌면 황당하게 들릴 수 있는 내 말에 필립은 뜻밖의 이야기를 꺼냈다. "그 이야기를 난 이미 15년 전에 들었어. 한국 사람은 아니었고, 일본 사람에게 말이야." 이상한 말을 하지 말라며 웃고 넘어갈 것이라 생각했던 내 예상이 빗나갔다. 필립 장봉 와인의 가치를 알아봐 준 15년 전의 첫 번째 외국 고객이 일본인이었고, 당시 시음을 하던 일본 와인 수입상의 입에서는 연신 '에너지! 에너지가 넘치는구먼!'이라는 말이 쏟아졌다고 한다. 필립 본인이 그들과 똑같은 감정을 느낄 수는 없었지만, 그 말에 충분히 공감을 했다고 한다.

내추럴 와인은 장기 보관이나 숙성이 불가능하다고 생각하는 편견에 대해서는 어떻게 생각하는지 물었다. "내추럴 와인은 아직 어린 상태에서도 아주 맛있어서 다 마셔버리는 바람에 장기 숙성할 와인이 없어서 그런 거 아닐까? 하하. 97년 빈티지 와인을 20년이 지난 지금 마셔도 아직도 생생하게 살아 있는데, 무슨 소리야." 그는 내추럴 와인의 보관과 숙성에 대한 논란은 그저 잘못된 편견에 불과할 뿐이고 대꾸할 가치도 없다며 다른 이야기를 꺼낸다. "나는 유기농 마크를 절대 사용하지 않아. 그건 기본 중의 기본이니까. 기본 사항인데 무슨 마크를 받고 레이블에 붙이고… 그리고 모두가 자기 와인은 최고의 테루아에서 생산된다고 자부하는데, 그게 사실이라면 왜 그 훌륭한 땅에 화학 약품을 쏟아붓냐는 말이지. 그 땅이 스스로 풀도 내고 꽃도 피우는 아름다운 광경을 왜 그대로 두지 않느냐고."

꽃 피는 봄에 포도밭을 다니다 보면, 작은 길을 사이에 두고 한쪽 밭은 포도나무 사이에 온갖 잡초와 허브와 꽃들이 마치 인상파 화가의 그림처럼 예쁘게 자리 잡은 것을 본다. 반면 그 반대편 밭은 딱딱하게 굳은 땅에 풀 한 포기조차 없다. 유기농 포도밭과 제초제를 사용하며 쟁기질을 전혀 하지 않는 밭이 보여주는 극명한 차이다. 필립이 이야기한 것처럼, 최고의 테루아라면 그 테루아가 표현하는 바를 그대로 살리는 것이 그 땅에서 자라고 결실을 맺는 포도나무에도 당연히 더 좋지 않을까.

처음 필립이 내추럴 와인 양조를 시작하던 1997년, 그는 주변의 차가운 시선을 어떻게 견뎌냈을까. 분명 기존의 와인 생산자들은 그들과 완전히 다른 방식으로 밭을 경작하고 와인을 만드는 필립을 경계하고 이상한 사람 취급을 했을 것이다. "히피 취급을 받았지 뭐. 게다가 그때는 내가 머리도 길었거든. 곱슬에다가. 하하. 하지만 시간이 지나면서 주변에 뜻을 같

"내추럴 와인의 좋은 점은 건강한 포도 이외에
아무것도 넣지 않는다는 건데, 그것이 우리 몸에서
좋은 방향으로 작용하고, 그걸 신체가 그대로 느끼거든."

이하는 사람들이 하나둘 생겼고, 그들과 비오졸렌(Biojoleynes)이라는 보졸레 유기농 와인 살롱(당시 이 지역에서 내추럴 와인은 필립의 와인이 유일했고, 이후 유기농 와이너리들이 하나둘 생기기 시작했다고 한다)을 시작하고 난 후에는 분위기가 많이 달라졌지."

비오졸렌은 보졸레의 렌느(Leynes, 보졸레 북부 지역의 마을) 마을에서 열리는 와인 행사로, 필립을 비롯해 4개 도멘이 운영을 맡고 있고, 20개의 유기농 및 내추럴 와이너리가 고정 멤버로 구성되어 있다. 그리고 운영을 맡은 4개의 도멘이 각각 기타 지역의 와이너리를 한 곳씩 초대할 수 있다. 하지만 초대만 가능할 뿐, 고정 멤버가 되려면 기존 와이너리가 탈퇴해 빈자리가 난 경우에만 가능하다. 왜 행사를 계속 키워서 더 큰 행사로 만들려고 하지 않을까. 필립의 철학은 단순하면서 약간은 엉뚱하다.

"나는 우리 포도밭도 3.5헥타르 이상으로는 절대로 늘릴 생각이 없어. 왜냐고? 냉해나 서리, 우박 등으로 한 해 농사를 완전히 망쳤다고 생각해봐. 게다가 그런 일들이 지난 10여 년간 종종 일어났거든. 그러니 앞으로도 일어날 게 분명하지. 농사를 망친 게 30헥타르라면 얼마나 끔찍하겠어. 3헥타르가 주는 충격이 한결 가볍잖아. 와인 행사도 마찬가지야. 너무 커지면 뒷감당이 안 된다고."

엉뚱한 논리이지만, 그의 말을 뒤집어 생각해 보면 그는 지독한 완벽주의자임이 확실하다. 모든 것이 그의 손이 직접 닿을 수 있는 규모여야만 하는 것이다. 농사를 망친 경우를 예로 들었지만, 사실은 농사를 제대로 잘 짓기 위해서는 작은 규모를 유지해야만 한다는 논리다. 그의 직설화법은 이러한 완벽주의적 성향을 더욱 두드러지게 한다. 그의 안경 너머로 보이는 파란 색의 서늘한 눈이 때때로 따뜻한 미소를 머금고 있다는 것이 함정이지만.

그는 그의 집을 찾는 손님에게 종종 직접 만든 식사를 대접하는 인간적 매력을 가진 사람이고, 함께 한잔하며 분위기가 무르익었다 싶으면 귀하디 귀한 도멘 필립 장봉의 와인도 마구 내놓는 기분파이기도 하다. 와인을 병입할 때까지 몇 년에서 길게는 십여 년의 긴 기간을 기다리며, 그 와인이 완벽해지기만을 기다리는 지독한 인내심을 가진 사람. 무언가 엇박자인 듯하면서 묘하게 밸런스를 맞춘 필립만의 매력이 아닐까 싶다.

최상위 퀴베 중 하나인 '레 가니베(Les Ganivets)'

대표 와인

렌느Leynes 2012

지역 보졸레
품종 가메

발몽(Balmont), 바타이유(Batailles), 가니베(Ganivets). 평소 따로따로 와인을 만들던 이 3가지 밭의 와인을 모두 섞어서 하나의 와인으로 만들었다. 그 이유는 2012년 2월에 내렸던 강력한 서리로 인해 포도 수확량이 매우 적었기 때문이다. 5년간의 긴 숙성을 거쳐 2017년 10월에 병입한 와인으로, 수확량이 극소량이었던 대신 강한 에너지를 갖추었다. 좋은 밭에서 잘 키운 포도로 오랫동안 숙성을 거쳐 병입한 가메가 가진 매우 놀라운 힘을 보여준다.

레 발타이유 Les Baltailles 2011

지역 보졸레
품종 가메

발몽, 바타이유 이 2개의 밭에서 수확한 포도를 블랜딩한 와인이다. 렌느보다 숙성 기간이 좀 더 긴 와인으로, 3년간 스테인리스 탱크에서 숙성시킨 후 다시 4년간 오크통에서 천천히 숙성을 한 후에야 병입을 했다. 총 7년간의 숙성을 거친 후 병입을 한 덕분에, 매우 힘이 넘치면서도 상당히 섬세한 타닌을 지닌 멋진 와인이 탄생했다.

14
알자스의 또 다른 선구자
장-피에르 프릭
Jean-Pierre Frick

알자스 내추럴 와인의 또 다른 선구자 중 한 사람인 장-피에르 프릭(Jean-Pierre Frick)은 1976년부터 도멘 피에르 프릭(Domaine Pierre Frick)을 이끌고 있다. 그는 1970년에 이미 유기농으로 전환을 했고, 이후로는 비오디나미 경작을 해오고 있다. 특히 이산화황을 넣지 않은 그의 와인 '제로 쉴피트 아주테(Zéro sulfite ajouté)' 시리즈를 통해 소비자들은 그의 세심하고 정교한 손길로 만들어진 다양한 퀴베를 만날 수 있다.

장-피에르는 비오디나미 경작에 관한 책을 비롯해 그의 부인이 그린 일러스트를 넣은 유머 넘치는 와인 사랑에 대한 책을 쓰기도 했으며, 지속적으로 생태와 환경 문제 등에 깊은 관심과 열정을 표현하는 사람이다. 뿐만 아니라 그의 확고한 철학을 반영한 포도밭 경작과 와인 양조로 전 세계 내추럴 와인 애호가들이 열광하는 와인을 만드는 주인공이기도 하다.

이런 그의 와이너리를 찾는 사람들은 와인 전문가뿐 아니라 일반적인 와인 애호가까지 다양하다. 시간만 맞는다면 누구든 기꺼이 맞아주는 열린 공간이기 때문이다. 내추럴 와인을 사랑하는 사람이라면 장-피에르를 찾아가 함께 잔을 기울이며 깊은 이야기를 나눌 수 있을 것이다.

LE 13-06-1956 NAISSANCE DE JEAN-PIERRE!
HOPLA S'ESCH D'R JEAN-PIERRE!
(NON! CE N'EST PAS "DIOGÈNE".
MAIS, JEAN-PIERRE FRIK!
GARANTIE SANS SOUFRE!..
ANTI OGM
FOIRE DE ROUFFACH
ANTI MONDIALISATION
ANTI NUCLEAIRE
LE PLUS DUR EST FAIT!!!

14
Jean-Pierre Frick

화창한 5월의 어느 날, 알자스 전통 스타일의 오래되고 커다란 집의 마당에 들어섰다. 큼직하고 묵직한 나무문을 열자 장-피에르와 부인인 샹탈(Chantal)이 와인을 만들고, 병입하고, 판매도 하는 집이 나타난다. 부부는 프랑스 중부 지방을 여행하다가 뼈대만 남은 아주 오래된 목조 건물에 반해서, 그것을 조각조각 분해해 옮긴 다음 다시 이곳에서 하나하나 조립했다고 한다. 마당에 세워진 웅장한 건축물을 보니 분위기에 일단 압도될 수밖에. 하지만 장-피에르와 샹탈의 소탈함이 금세 공간을 편안한 분위기로 이끈다.

오래된 건물을 보니, 아주 오래 전부터 가문 대대로 양조를 해왔을 것 같았다. "집안 가계도에 의하면 12대째 양조를 하고 있어요. 하지만 12대 모두가 와인만 만들었던 것은 아니고, 가축도 키우고 낙농, 양봉도 했죠. 과거 모든 농부들이 그러했듯 다종양식을 한 거예요. 그러다 할아버지 때부터 와인에 좀 더 비중을 두기 시작했는데, 본격적으로 와인 양조에만 집중한 것은 아버지 때부터였어요. 대략 1965년쯤이었는데 포도밭의 가치가 일단 땅보다 7배나 값을 더 쳐주던 시절이었죠. 그때 아버지는 가지고 있던 모든 땅을 포도밭과 1대7로 맞교환을 했어요. 그때는 이런 모든 법적 절차가 1시간이면 다 끝났는데. 휴… 요새는 아주 작은 땅을 사도 절차가 아주 복잡하고 길어졌다니까요." 그때 땅을 맞바꿨던 사람들은 나중에 후회를 했을 것 같다고 하자, "그렇지도 않아요. 옥수수 농장을 하는 사람들이 꽤 잘 살거든요."라고 덧붙인다.

도멘 피에르 프릭은 유기농법에 관해서는 프랑스에서도 선구자격인 곳이다. 1970년에

이미 유기농법을 도입했는데 이는 당시 알자스 지역뿐 아니라 프랑스 전역에서도 찾아보기 힘든 사례였다. "아버지는 자신이 도멘을 책임지고 있는 동안 유기농작을 했어요. 다만 병충해 등 위급한 상황에서는 불가피하게 화학 약품을 사용하기도 하셨죠. 하지만 아버지는 기본적으로 모든 화학 약품을 싫어하셨어요." 장-피에르가 아버지의 뜻을 좀 더 체계적으로 발전시켰을 뿐, 그의 밭은 원래부터 자연 상태 그대로 깨끗했다는 것이다. "양조학이 와인 양조에 본격적으로 영향을 끼치기 시작한 것은 1970년대였습니다. 그 전에는 그저 이산화황만을 사용했죠. 그러다가 양조학자들이 이런저런 참견을 시작한 거예요. 이것도 넣어봐라, 저렇게 해봐라… 나는 처음부터 그런 것들이 마음에 들지 않았습니다." 이미 유기농으로 모든 방식을 전환해 포도밭을 최대한 깨끗하고 건강하게 경작해 결실을 얻고 있었던 장-피에르에게 양조 시 첨가물을 권하는 양조학자들의 조언이 좋게 들렸을 리 없었다. "아버지가 1971년에 유기농법으로 전환한 데 이어서 1981년에 비오디나미가 소개되자마자 저와 아버지는 곧바로 이를 받아들였어요."

Grands Vins d'Alsace
PIERRE FRICK
Domaine en Biodynamie

Michel Le Gris
Dionysos crucifié
Essai sur le goût du vin à l'heure de sa production industrielle

그가 만든 첫 번째 와인은 1976년산이었다. 그리고 처음으로 상 수프르 와인을 만든 것이 1999년이었으니 와인 생산자치고도 꽤나 긴 여정이었다. 이 과정이 어떻게 진행되었는지 궁금했다. "유기농으로 일찌감치 농법을 전환하고 다시 비오디나미로 옮겨 갔던 그 과정 자체가 자연에 대한 존중이었죠. 상 수프르로 가는 길도 같은 맥락이었습니다. 깨끗한 땅, 깨끗한 포도 그리고 포도 그 자체만으로 발효한 와인. 너무나 당연한 귀결이었죠."

하지만 이 모든 과정이 23년이나 걸린 셈인데… 왜 이렇게 오래 걸린 걸까. "당시 저는 부모님과 같이 일을 하고 있었고, 부모님은 상 수프르에 찬성하지 않으셨어요. 기존의 우리 와인을 수년, 수십 년 구입해오던 개인 고객들과 거래처들이 있었으니… 부모님 입장에서는 양조 방식을 바꾸는 것을 쉽게 용인하기가 힘드셨을 거예요. 차츰차츰 확실하게 변해온 것이라고 보면 되겠죠."

내추럴 와인을 만들면서 멘토로 삼았던 사람이 있었는지 물었다. "미쉘 그리(Michel Gris)와 피에르 오베르누아예요. 피에르야 누구나 다 아는 사람일 테고, 미쉘 그리는 스트라스부르의 와인숍 오너이면서 《십자가에 못 박힌 디오니소스: 산업화 된 생산의 시대의 와인의 맛에 대한 시험(Dionysos crucifié: Essai sur le goût du vin à l'heure de sa production industrielle)》이라는 책을 쓴 인물이에요. 이 책은 현대의 와인 생산이 점점 산업화되고, 같은 척도로 평가되는 것에 대한 우려를 표명하는 내용을 담고 있죠. 그는 정말 순수한 결정체로서의 와인을 사랑해요. 그의 이야기는 저에게 아주 많은 영향을 미쳤어요." 미쉘 그리가 운영하는 와인숍 이름은 '르 비노필(Le Vinophile)'. 미쉘은 상 수프르 와인이 만들어지던 초창기부터 이에 매료되어, 얼마 되지 않던 프랑스 전역의 상 수프르 와인을 찾아내 알자스의 소비자들에게 소개를 해왔다고 한다. 즉 그 역시 내추럴 와인 업계의 또 다른 선구자라고 할 수 있겠다.

"깨끗한 땅, 깨끗한 포도 그리고
포도 그 자체만으로 발효한 와인.
너무나 당연한 귀결이었죠."

"누군가는 시작을 해야 했고,
시작을 해서 여기까지 왔으니 다행인 거죠."

그의 첫 상 수프르 와인에 대한 이야기가 계속되었다. "1999년에 두 종류의 와인을 시작으로 2000년에 4종, 현재는 전체 생산의 80퍼센트를 상 수프르로 만들고 있어요. 이따가 처음 만든 1999년을 한번 맛볼까요?" 그의 첫 번째 상 수프르 와인을 맛보는 영광이 기다리고 있을 줄이야.

비슷한 시기에 상 수프르 와인을 만들었던 알자스의 다른 와인 생산자를 예로 든다면 누가 있을까? "브뤼노 슐레흐, 크리스티앙 비네흐(Christian Binner), 파트릭 메이에(Patrick Meyer)와 저를 포함해 대략 4명 정도를 들 수 있겠네요."

장-피에르의 부친이 유기농법으로 전환했던 1970년에는 알자스를 통틀어 단 3개 와이너리만이 유기농으로 농사를 지었지만, 현재는 300여 곳이 넘는다고 한다. 그렇다면 50여 년 만에 시장이 100배가 된 셈인데, 최근에 이러한 경향이 더욱 가속화되고 있다고 들었다. 그는 유기농, 비오디나미에 이어 상 수프르 와인까지 먼저 시작했으니, 주변에서 별난 사람이라 눈총을 받았을 법도 한데. "인간은 원래 사회생활을 위해 여러 가지 도구를 이용하죠." 질문과 동떨어진 엉뚱한 대답이 나왔다. "그런데 나는 21세기인 지금도 휴대폰을 사용하지 않습니다. 물론 태블릿 PC도 없고요. 그래도 여행은 정말 잘 다녀요." 평소에도 남들이 별난 사람 취급하는 것을 전혀 신경 쓰지 않는다는 의미였다.

"얼마전에 런던의 내추럴 와인 행사인 '리얼 와인 페어(Real Wine Fair)'에 다녀왔는데, 처음에는 휴대폰이 없는 저를 아주 이상하게 여기더니 결국은 다들 그러더군요. '아, 당신은 전위주의자(Avant-gardiste)로군요.'" 그를 시대에 뒤처진 이상한 사람으로 여기는 것이 아니라 한 발 앞서 나간 사람으로 여기겠다는 뜻인데, 장-피에르의 와인이 훌륭하지 않았다면 과연 사람들이 그렇게 이야기했을까. 나 역시 동시대를 살아가는 사람으로서, 그가 이런 불편함을 어떻게 감수하고 살아가고 있는지 신기할 따름이다. 물론 그보다는 그의 와인을 구입하려는

Jean-Pierre Frick

'상 쉴피트 아주테(Sans sulfite ajouté)' 시리즈 중 하나인 '피노 그리 크레망 달자스' 2015

수많은 바이어들과 전문가들이 더 불편하겠지만 말이다. 연락이 잘 되지 않는 내추럴 와인 생산자들 때문에 늘상 고생을 하는 나로서는, 장-피에르처럼 문명의 이기를 멀리하는 사람이 솔직히 반갑지만은 않다…!

"지금은 아주 많은 사람들이 내추럴 와인과 상 수프르 와인을 마시고 있지만, 예전에는 그렇지 않았죠? 하지만 누군가는 시작을 해야 했고, 시작을 해서 여기까지 왔으니 다행인 거죠." 나 역시 일반 컨벤셔널 와인을 마시던 과거에는 알자스 와인을 그다지 선호하는 편이 아니었는데, 알자스의 내추럴 와인을 접하고 난 후에는 그야말로 열광하게 되었다. 화학 약품으로 죽어 있던 땅이 살아나고, 거기에 내추럴 와인 양조 방식이 더해지면서, 통념상 단맛이 난다고 알고 있던 게뷔르츠트라미너라든가 숙성되면 페트롤 향이 난다는 리슬링이 전혀 다른 풍미의 와인으로 바뀐 것이다. 스킨 콘택트(Skin contact)[36] 방식을 통해 양조된 게뷔르츠트라미너는 매우 드라이하면서도 구조감이 있는 멋진 화이트 와인이 되고, 내추럴 리슬링

36 화이트 와인은 대부분 수확한 포도를 바로 압착한 주스를 발효하는 방식으로 양조를 하는데, 스킨 콘택트 와인이란 백포도 품종을 레드 와인처럼 껍질째 발효를 시키는 것을 일컫는다. 이 경우 화이트 와인이지만 레드 와인처럼 타닌이 느껴지게 된다. 일명 오렌지 와인.

와인은 숙성되어도 페트롤향이 아닌 여전히 아름다운 과일 향이 난다. 이 와인들은 어릴 때 마셔도 좋고, 숙성을 몇 년 하면 맛이 더 좋아진다. 장-피에르에게 게뷔르츠트라미너라는 알자스 품종은 스킨 콘택트 방식의 양조와 정말 잘 어울리는 것 같다고 하니, 그는 자신의 지하 양조장으로 내려가서 함께 스킨 콘택트 와인을 마시며 이야기를 계속하면 어떻겠냐는 멋진 제안을 했다.

아주 오래된 푸드르(Foudre, 나무로 만들어진 대형 양조통)로 꽉 찬 오래된 그의 카브로 내려갔다. 첫 번째 와인은 스킨 콘택트를 한 2017년산 실바너 와인이었다. "실비너로 스킨 콘택트를 하면 일반적인 실바너 와인에서는 느낄 수 없는 향신료 향이 느껴지는데, 이 향이 자칫 밋밋할 수 있는 실바너에 액센트를 주죠." 정확한 표현이었다. 평소에 마시던 비교적 단순한 맛의 실바너와는 다르게, 이국적인 향신료 향이 더해진 풍미에 타닌이 주는 바디감이 아주 조화로운 와인이었다.

장-피에르는 2010년대 초반에 처음으로 피노 그리(Pinot Gris) 품종을 스킨 콘택트 방식으로 양조하기 시작했는데, 현재는 게뷔르츠트라미너, 리슬링까지도 모두 스킨 콘택트 방식으로 만들고 있다고 한다. 그는 이와 관련해 재미있는 가설을 들려주었다.

"천연 효모만을 사용한 알코올 발효는 사실 한 해 한 해 세월이 갈수록 어려워지고 있어요. 남프랑스나 북프랑스나 마찬가지로요. 나는 혹시 이것이 대기 중에 무수하게 돌아다니는 무선 인터넷을 비롯한 전자파의 영향이 아닐까 싶어요. 효모는 살아 있는 생물이고, 무척 복잡한 구조를 갖고 있으니까요. 그런데 전자파 등으로 약해진 효모가 스킨 콘택트 발효에서는 그리 큰 문제가 되지 않아요. 껍질 내에 아주 많은 영양분이 있고, 이게 발효에 큰 도움이 되는 거죠. 물론 와인에 색깔을 좀 입히게 되지만… 일반적인 화이트 와인의 깨끗하고 맑은 색은 아니니까요. 하지만 맛이 좋다면 색이 무슨 상관이랍니까."

사실 2018년은 모두가 인정하는 멋진 빈티지였는데, 막상 뚜껑을 열어 보니 발효가 잘 안 되어 있다거나, 되다가 멈추었거나 하는 문제들이 프랑스 전역에서 발생했다. 장-피에르는 이 문제의 돌파구로 마치 예견이나 한 듯 화이트 와인의 상당수를 스킨 콘택트 양조를 하는 방식으로 해결을 했다. 그 결과 그는 아무런 문제 없이 발효를 모두 마쳤다고 한다. 그는 거듭해서 그저 개인적인 가설일 뿐이라고 강조를 했지만, 상당히 설득력 있는 이론일 수도 있다는 생각이 들었다.

그가 새로운 와인을 잔에 따랐다. 2018년산 스킨 콘택트 화이트 와인이었다. 순식간에 코를 감싸는 강렬한 이국적 과일 향이 나에겐 영락없는 뮈스카(Muscat) 품종으로 느껴졌는데… 알고 보니 리슬링 와인이었다! 리슬링 특유의 신선한 과일 향(레몬, 자몽 등)이나 꽃향기보다는 매우 이국적인 향이 났고, 심지어 과숙된 과일의 뉘앙스조차 있었다. "리슬링으로 스킨 콘택트 양조를 하는 사람은 아마 거의 없을 거예요. 나보고 스킨 콘택트 방식에 너무 빠져 있다고 조롱하는 사람들도 가끔 있어요. 심지어 내가 만든 와인은 맛이나 풍미가 다 비슷비슷하다며 더 이상 내 와인이 아니라고도 해요." 하지만 그가 만든 퀴베는 기존 양조 방식으로 만들어진 와인들과 다를 뿐, 그 안에서는 분명하고도 뚜렷하게 구별되는 특징이 있었다. "그저 싫은 거겠죠. 내가 남들과 다르게 만드는 것이…"

"저는 시간이 가면 갈수록 에너지가 있는 와인을 추구하게 되었어요."

Vin d'Alsace
PIERRE·FRICK
Chasselas 2000
Vin vinifié sans soufre
PIERRE FRICK 68250 PFAFFENHEIM · FRANCE
VIN ISSU DE RAISINS CULTIVÉS EN
AGRICULTURE BIODYNAMIQUE

샤슬라 2000

"예를 들어 부르고뉴의 어떤 좋은 테루아에서 수확한 피노 누아를 스킨 콘택트 없이 바로 압착해서 주스를 짠 다음에 발효를 했다 칩시다. 사람들은 그 와인이 고급스러운 부르고뉴의 테루아를 전혀 반영하지 않고(혹은 무시하고) 대충 만들어진 그저 그런 와인이라고 폄하할 거예요. 당연하죠. 그런데 왜 화이트 품종은 스킨 콘택트을 통해 좀 더 다양한 아로마를 추출하고, 고유한 테루아를 와인에 반영하면 안 되는 걸까요? 기존의 고정관념을 버려야 합니다." 정말 날카롭고 신선한 지적이 아닐 수 없었다. 고정관념에 사로잡혀 있는 사람들은 변화하는 것이 싫고 두려운 것이다. 이 역시 거의 모든 내추럴 와인 1세대 생산자들이 이야기하는 공통된 생각이었다.

과연 스킨 콘택트가 테루아를 반영하는 것인지 안 하는 것인지 직접 비교해보자며 장-피에르는 2개의 와인을 따랐다. 하나는 향신료 향이 강하고 다른 하나는 과일 향이 더 두드러지는 서로 완전히 다른 스타일의 와인이었다. 그런데 이 두 개의 와인은 동일한 품종으로 만든 와인이라고 한다! "둘 다 같은 정도의 스킨 콘택트 과정을 거친 리슬링이지만, 포도가 자라난 토양이 완전히 달라요. 하나는 퇴적암 다른 하나는 사암이죠." 그런데 사암 토양에서 난 리슬링은 퇴적암 토양에서 나온 리슬링에 비해 타닌도 훨씬 약하고 스킨 콘택트도 훨씬 적게 한 듯한 느낌이었다. "그게 바로 테루아의 차이가 와인에 반영되는 겁니다. 스킨 콘택트 기간은 두 와인이 동일했어요." 장-피에르에게 '당신이 만드는 스킨 콘택트 와인은 다 비슷해'라고 이야기한 사람은 과연 제대로 시음을 했던 것일까에 대해 의심하지 않을 수 없었다.

사실 내추럴 와인을 둘러싼 좋지 않은 평가는 여러 가지가 있는데, 그 중 가장 자주 나오는 이야기가 바로 '다 비슷비슷하다'는 평가다. 하지만 현장에서 여러 번에 걸쳐 이런 놀라운 경험을 한 나로서는 절대로 받아들일 수 없는 평가이기도 하다.

"저는 시간이 가면 갈수록 에너지가 있는 와인을 추구하게 되었어요." 와인이 갖고 있는 에너지라… 내가 그동안 만나온 내추럴 와인 생산자들과 애호가들 중에서도 와인의 에너지를 이야기하는 사람들이 꽤 많았다. "분명 아름답게 잘 만들어지긴 했는데, 그 안에 생기가 전혀 없는 와인들이 있어요. 양조 과정에서 펌프를 수 차례 거치거나 여과를 과하게 했기 때문이죠. 그렇게 포도에 과도한 스트레스를 줬던 과정이 그 와인을 마실 때 그대로 느껴지거든요. 그런 와인은 마시고 나면 아주 피곤해요. 육체적으로 피로가 몰려오죠. 반면에 아주 강렬한 에너지를 발산하는 와인들이 있어요. 살아 있는 생생한 에너지 같은. 그러면 그 와인을 마시는 나도 덩달아 에너지를 받곤 하는데, 정말 감탄스러운 순간이죠."

이런 느낌을 모든 사람들이 경험할 수 있는 것은 아닐 것이다. 그러니 이런 점을 다른 사람들에게 어떻게 설명하고 또 설득할 수 있을까. "자신의 경험에서 비롯될 수도 있고, 나이가 들면서 자연스럽게 찾아올 수도 있겠죠. 하지만 모든 사람이 와인이나 음식에서 에너지를 느끼진 못할 거예요." 그에게 있어서 와인의 퀄리티를 결정하는 요소 중 50퍼센트는 그 와인이 갖고 있는 에너지라고 한다. 물론 일부 와인은 강하게 산화되었을 수도 있지만, 그가 판단하는 것은 전체적인 조화이기 때문에 그러한 요소들은 크게 중요하지 않다고도 덧붙였다.

인터뷰를 하는 내내 장-피에르는 낮은 톤의 목소리로 빠르지도 느리지도 않은 적당한 속도를 유지하며 마치 강의하듯 대화를 이어갔는데, 그가 확신하는 부분에서는 다소 강한 어투로 말을 하기도 했다. 인터뷰를 마치면서 마치 알자스 내추럴 와인에 대한 특별 강연회에 참석한 듯한 기분이 들었다. 사실 인터뷰 당시 샹탈이 계단에서 심하게 넘어져 휠체어 신세를 지고 있었던 데다, 어머님과 장모님 두 분 모두 많이 아프신 상태라서 정신적으로 그가 편안한 상태가 아니었을 텐데… 그럼에도 불구하고 따뜻하게 나를 맞아주고 긴 시간을 기꺼이 할애해준 장-피에르. 그의 따뜻한 품성은, 인터뷰를 마치고 저녁 식사와 함께한 그의 2000년산 샤슬라(Chasselas, 스위스가 원산지인 화이트 품종) 와인에도 고스란히 배어 있었다.

대표 와인

부아야쥬Voyages

지역 알자스
품종 피노 오세루아, 피노 블랑, 피노 그리, 리슬링, 게뷔르츠트라미너

피노 오세루아(Pinot Auxerrois), 피노 블랑(Pinot Blanc), 피노 그리의 블랜딩에 리슬링과 게뷔르츠트라미너의 껍질을 스킨 콘택트 방식으로 침용시켜 함께 섞은 와인. 코낙 빛의 강렬한 색상처럼 첫 느낌은 강하지만 곧 입안에 퍼지는 청량감과 과일 향이 상쾌함으로 이어진다. 스킨 콘택트와 피노 품종들에서 오는 아련한 색감으로의 여행(voyages)이자, 시간과 공간을 넘나드는 여행 같은 와인이다.

게뷔르츠트라미너 마세라시옹
Gewurztraminer Macération

지역 알자스
품종 게뷔르츠트라미너

줄기를 포함한 포도송이 전체를 7일간 침용(Macération)시킨 후, 푸드르(Foudre, 커다란 오크통)에서 다시 7개월간 숙성해 병입한 와인. 주스를 발효한 기존의 게뷔르츠트라미너가 보여주는 당의 뉘앙스가 전혀 없이, 매우 드라이하며 새로운 느낌의 게뷔르츠트라미너 와인. 스킨 콘택트에서 오는 가벼운 타닌감과 드라이한 풍미 덕분에 가벼운 아페리티프(식전주)로도 좋지만, 스파이시한 음식이나 묵직한 음식과도 잘 어울린다.

15
내추럴 와인 전문 언론인
프랑수아 모렐
François Morel

와인 저널리스트 프랑수아 모렐(François Morel)은 언제나 명확한 관점과 확실한 자료를 바탕으로 글을 쓰는 인물이다. 그는 와인 리뷰지 〈르 루즈 에 르 블랑(Le Rouge et Le Blanc)〉의 오랜 리포터이자 편집장으로도 알려져 있는데, 이 잡지는 광고가 없는 것으로 유명하다. 〈르 루즈 에 르 블랑〉은 처음부터 영리를 목적으로 만들어진 잡지가 아니라, 내추럴 와인을 사랑하는 사람들이 정보를 공유하려는 좋은 의도로 기획되었기 때문이다.

그가 쓴 책, 《르 뱅 오 나튀렐(Le vin au naturel)》에서 프랑수아는 유기농 와인, 내추럴 와인, 이산화황을 넣지 않은 와인, 살아 있는 와인 등 내추럴 와인을 둘러싼 다양한 용어들을 정확하게 설명하고, 일반적인 대량 생산 양조 방식과 자연에 가까운 양조 방식이 어떻게 다른지에 대한 차이점도 기술해두었다.

또한 그는 1985년에 와인 비스트로를, 1990년에는 레스토랑을 직접 운영하면서 내추럴 와인과 유기농 와인을 적극적으로 메뉴에 포함한 바 있다. 이러한 행보를 통해 현재까지 여러 내추럴 와인 생산자들과 긴 인연을 이어왔으니, 그야말로 내추럴 와인의 탄생과 성장을 바로 옆에서 지켜본 산 증인이라 하겠다.

인터뷰를 위해 프랑수아가 선택한 장소는 그의 오랜 벗이 운영하는 곳이자 파리 내추럴 와인 비스트로의 원조라 할 수 있는 르 바라탕(Le Baratin)이었다. 파리 20구 끝자락에 위치하고 있는 이곳은 어느 봄날의 토요일 점심시간답게 좌석을 꽉 채운 손님들과 바삐 움직이는 종업원들로 활기찬 기운이 넘치고 있었다.

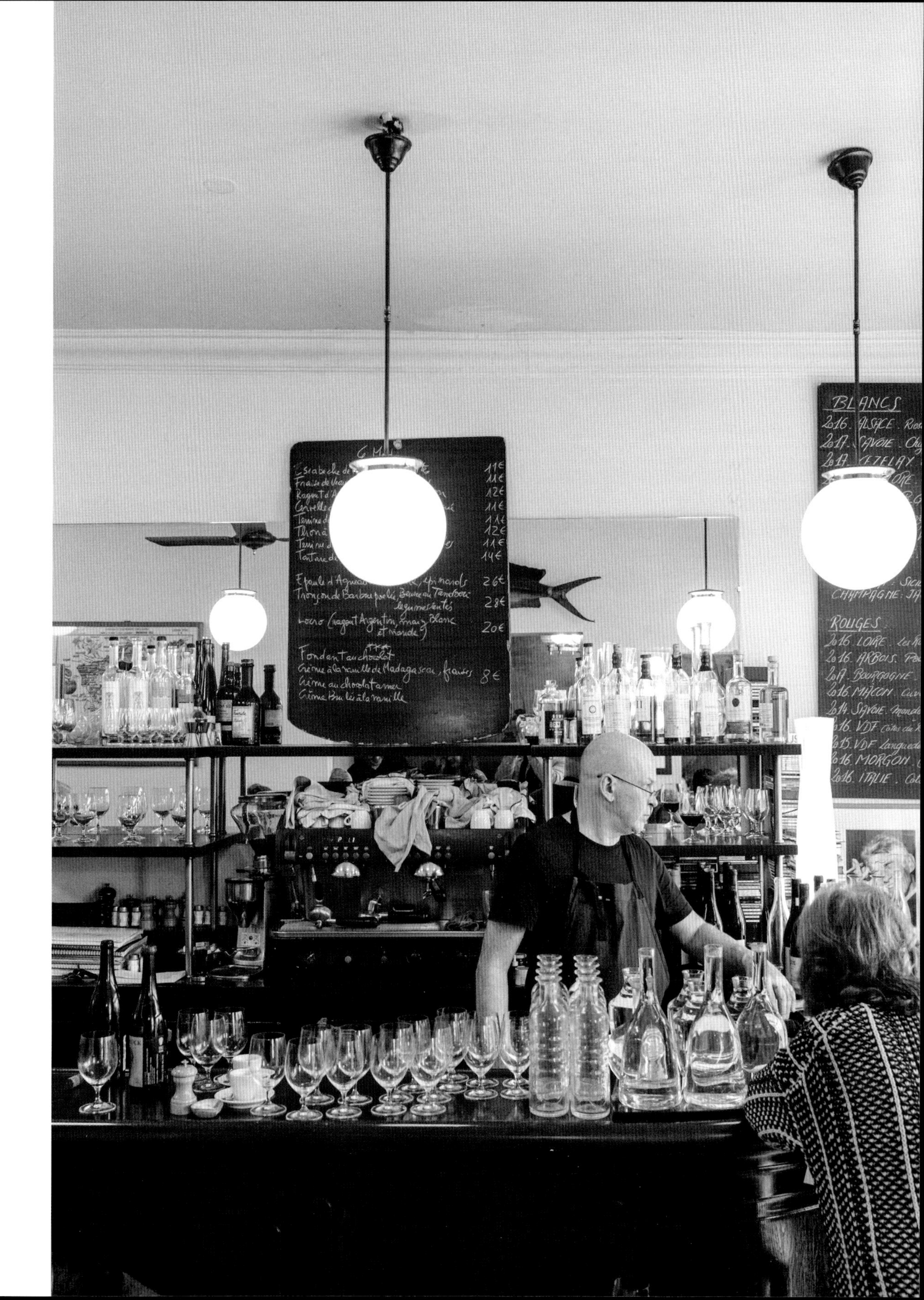
Fondant au chocolat
Crème à la vanille de Madagascar, fraises
8€
Crème au chocolat amer
Crème brûlée à la vanille
BLANCS
2016. ALSACE
2017. SAVOIE
CHAMPAGNE
ROUGES
2016. LOIRE
2016. ARBOIS
BOURGOGNE
2016. MÂCON
2014. SAVOIE
2016. MORGON
2016. ITALIE

Natural Winemakers

15
François Morel

와인 바 오너, 잡지 발행인, 언론인, 작가 등 여러 가지 호칭으로 불리는 프랑수아에게 그를 기자라는 직업으로 소개하면 되는지 물었다. “아, 나는 기자가 아니에요. 원래 미술사를 전공했고 라루스(Larousse)출판사에서 사전과 백과사전 편집부의 미술사 파트에서 일했죠. 그러다 1985년에 와인 비스트로를 열고 1998년까지 영업을 했어요. 지금 우리가 있는 르 바라탕의 바로 뒤쪽 골목에 저희 비스트로가 있었답니다.” 미술사에서 와인 분야로, 이직치고도 큰 변화였다. “와인이 정말 좋았거든요. 처음에는 개인적인 즐거움과 호기심으로 시작했는데 결국 직업으로 연결되었죠. 1998년에 비스트로를 접고 난 이후에 다시 출판 일로 돌아갔어요. 그때부터는 와인과 관련된 책들만 다뤘죠. 1985년부터 2015년까지 30년간 〈르 루즈 에 르 블랑〉이라는 와인전문 잡지의 발행에 참여를 했고 2000년부터 2015년까지는 편집장을 맡았고요.”

나 역시 다른 분야의 일을 하다가 와인에 관심을 가지게 된 것을 계기로 직업을 완전히 바꾼 케이스라서, 와인에 대한 그의 열정에 깊이 공감할 수 있었다. “청소년기부터 저는 와인에 관심이 많았어요. 그러다 20대 후반이 되자 집중적으로 와인에 대한 탐구를 시작했죠. 당시 친했던 친구가 보르도 출신이었는데, 그 친구의 부모님 댁과 주변의 와이너리를 방문하면서 많은 와인 생산자들을 만나고 그들과 이야기를 나누었죠. 그때의 경험이 계기가 되어 와인 비스트로도 차리게 된 거예요.”

내추럴 와인은 어떻게 알게 되었냐는 질문에 프랑수아는 그가 비스트로를 열었던 1985

년만 해도 내추럴 와인이라는 콘셉트 자체가 존재하지 않았다고 했다. "내추럴 와인 혹은 상수프르라는 개념을 모르던 채로 우연히 마르셀 라피에르의 1984년 빈티지 와인을 마셨어요. 비스트로를 오픈하던 당시 사귀던 여자친구가 부르고뉴의 마콩 지역 출신이었는데, 그녀가 마셔보라며 권한 와인이 바로 마르셀의 와인이었죠. 마셔보니 바로 마음에 들어서 우리 비스트로의 와인 리스트에 넣었고, 이후 마르셀을 통해 쥘 쇼베와 자크 네오포흐도 알게 되었답니다. 당시 나는 젊은 와인 비스트로 주인이었고, 보졸레를 중심으로 내추럴 와인을 실험하던 사람들도 젊은 와인 생산자들이었던지라 우리는 금세 의기투합을 했어요. 내 비스트로에서 파리 최초의 내추럴 와인 테이스팅 이벤트도 열었죠."

당시 보졸레 지역의 내추럴 와인 외에 또 어떤 와인을 판매했었는지 물었더니 바로 피에르 오베르누아를 꼽았다. "당시에는 파리에서 피에르 오베르누아의 와인을 판매하는 곳이 거의 없었거든요. 현재 전 세계적으로 알려진 피에르의 명성을 생각하면 정말 옛날 일인 거죠. 하지만 그는 예전부터 지금까지 늘 그 모습 그대로 친절하고 배려심 넘치는 멋진 사람이에요."

그는 비스트로를 운영하면서 동시에 와인리뷰 잡지 〈르 루즈 에 르 블랑〉에 계속해서 글을 썼는데, 그 잡지가 언제부터 내추럴 와인을 주제로 다루게 되었는지도 궁금했다. "처음에는 아니었어요. 하지만 와인 시음회가 워낙 많이 열리다 보니, 아무래도 다음 날 머리가 아프지 않거나 덜 아픈 와인들을 자주 다루게 된 거죠. 와인을 좋아하는 사람들이 모여서 만든 잡지니까요. 기고를 하면서 여행도 많이 했어요. 프랑스뿐 아니라 유럽의 와인들을 두루 다뤘거든요."

"내추럴 와인을 실험하던 사람들도
젊은 와인 생산자들이었던지라
우리는 금세 의기투합을 했어요."

1985년부터 〈르 루즈 에 르 블랑〉에 기고를 시작했으니, 프랑수아는 내추럴 와인의 탄생과 성장을 모두 지켜 본 셈이다. "맞아요. 탄생 시점부터 지금의 폭발적인 성장까지 모두 지켜봤죠. 그런데 혹시 아시나요? 모든 성공은 또 다른 문제의 시작이란 걸?" 그는 현재의 내추럴 와인 시장이 가지는 어두운 면에 대한 이야기를 꺼내놓았다. "내추럴 와인이 불티나게 팔리기 시작했잖아요? 이제는 내추럴 와인 자체가 하나의 목표가 된 거죠. 철학이든 뭐든 상관없이 말이에요. 거대한 와이너리의 생산자들도 대형 네고시앙도 모두가 이 시장에 뛰어들고 있어요. 랑그독 루시용 지역의 대규모 생산자인 제라르 베르트랑(Gérard Bertrand)조차 이제는 유기농 와인, 내추럴 와인을 생산한다고 하니까요. 기존의 생산 방식을 전혀 바꾸지 않았는데도 말이죠. 왜냐하면 EU에서 유기농 와인에 대한 규정을 새로 만들었는데, 기존에는 유기농 포도에 대한 규정만 있고 유기농 와인에 대한 규정은 없었거든요. 하지만 이 규정이 생겨나면서 오히려 유기농에 대한 조건이 아주 많이 완화되어버린 거죠. 유럽 전체의 와인 생산자들을 상대로 하는 규정이다 보니 각 나라가 주장하는 요소들을 취합할 수밖에 없었고, 결국 네고시앙이나 대규모 생산자들도 유기농 와인 라벨이 붙은 와인을 생산할 수 있게 되었어요. 게다가 이제는 그들의 와인이 내추럴 와인이라고 주장할 수도 있고요. 새로 규정을 만들었는데 오히려 통과하기는 더 쉬워졌다니, 참 모순되는 이야기죠?"

파리의 대형 슈퍼마켓 와인 매대에 유기농 와인 코너가 신설된 지도 몇 년이 되었는데, EU의 유기농 와인 규정이 만들어진 시점이 2012년이라는 걸 생각하면 당연한 일인 것 같다. 본래 소규모 영농으로만 가능하던 유기농 와인이 이제는 대량 생산되면서 슈퍼에도 진열되기 시작한 것이다. 그리고 최근에는 '내추럴 와인' 코너까지 등장을 했다. 내추럴 와인은 대량 생산이 불가능한 와인임에도 불구하고 말이다. 하지만 완화된 규정에 따르면, 포도주스를 살균 처리해서 발효를 한다거나, 이산화황이 필요 없도록 개발된 배양 효모를 사용하면 충분히 가능한 일이다.

내추럴 와인의 탄생부터 현재까지의 과정을 모두 지켜본 프랑수아는 과연 이렇게 내추럴 와인 시장이 커질 것을 짐작했을까. "글쎄요. 나는 사업가도 아니고, 그저 뜻이 맞는 젊은 내추럴 와인 생산자들과 어울리는 것을 좋아했던 사람일 뿐이니까요. 같이 마시고 즐겁게 취하고… 그런 분위기를 사랑했던 거예요. 내일 당장 시장 상황이 어찌 될지 생각해본 적도 없고요. 하하. 그런데 지금은 숫자를 정확히 헤아리기 어려울 만큼 많은 내추럴 와인 생산자들이 생겨났으니, 아무래도 모든 것이 옛날 같을 수는 없겠죠?" 순수한 마음으로 내추럴 와인을 사랑하는 애호가다운 대답이었다.

"내추럴 와인을 둘러싼 흐름이 거세진 것은 90년대부터 시작된 내추럴 와인 시음회가 프랑스 전국 각지로 퍼져나가면서부터였죠. 예를 들어 남프랑스의 대표적 행사인 '라 흐미즈(La Remise)'는 랑글로흐(L'Anglore)의 에릭 피페흘링(Eric Pfifferling)이 루시용 지역의 장 프랑수아 닉(Jean-François Nicq, 도멘 풀라흐 후쥬Domaine Foulards Rouges)과 함께 만든 이벤트인데, 이후 로익 후르(LoïcRoure, 도멘 뒤 포시블Domaine du Possible)와 에두아르 라피트(Edouard Laffitte, 도멘 르 부 뒤 몽드Domaine le bout du monde)가 가세를 했죠. 처음엔 참여자가 1명이었는데 2명이 되고, 다시 4명이 되고, 10명이 되고 20명이 되고… 이런 일들이 프랑스의 4개 지역에서 일어났어요. 쥐라, 루아르, 부르고뉴(보졸레 포함), 남프랑스까지." 프랑수아의 말처럼 내추럴 와인 시음회는 처음에는 몇몇 지역에서 열리는 작은 행사였지만 2000년대 들어 급격히 규모가 커졌고, 현재는 프랑스 전역에 걸쳐 크고 작은 행사가 수십 개를 헤아리게 되었다.

프랑수아가 생각하는 내추럴 와인의 가장 중요한 점은 무엇일까. 와인 저널리스트인 그는 지금까지 헤아리기 어려울 정도로 많은 내추럴 와인을 접했을 텐데, 그의 판단 기준은 무엇인지 궁금했다. "내추럴 와인은 양조 과정에서 실수가 생기면 그것을 덮거나 가릴 방법이 없어요. 컨벤셔널 와인처럼 이리저리 응급처치를 할 수 없죠. 그래서 빈티지별로 와인의 특징이 다른 것도 당연하고, 좋은 빈티지가 있으면 나쁜 빈티지나 어려운 빈티지도 있죠. 우선 기다려야 해요. 섣불리 병입을 서두르면 고약한 와인이 나올 수 있으니까요. 대신 아주 잘 만들어진 내추럴 와인이 정말 잘 익었을 때, 그것을 마시는 기쁨은 무엇과도 비교할 수가 없어요. 컨벤셔널 와인은 좋은 빈티지와 나쁜 빈티지가 구분이 잘 안 돼요. 나쁜 빈티지라도 좋은 와인처럼 만들 수 있는 처방제가 있으니까요. 그래서 컨벤셔널 와인에서는 정말로 뛰어난 와인이 나올 수가 없어요. 적어도 나에게는 말이죠."

값비싼 컨벤셔널 와인 이야기를 하다 보니 자연스럽게 보르도 와인 이야기로 대화가 흘러갔다. "샤토 르 퓌를 제외하곤 보르도에는 마실 만한 와인이 전혀 없었어요. 값은 또 얼마나 비싼지. 말이 안 되는 거죠. 하지만 요새 보르도도 변하고 있어요. 퐁테 카네는 이미 몇 년 전부터 비오디나미 시스템을 진지하게 구축했고, 샤토 팔메도 시작했답니다. 그렇지만, 일찍이 비오디나미를 시도하고 도입한 퐁테 카네의 생산자 장 프랑수아는 어느 날 차 타이어가 펑크나 있거나, 차량에 염산이 뿌려져 있거나, 날카로운 것으로 차량 곳곳을 긁어놓는 등 이웃들로부터 심한 취급을 당했었죠. 보르도 사람들은 남들과 다른 행동을 하는 사람을 정말 싫어하거든요." 정말 안타깝고 무서운 이야기가 아닐 수 없었다. 그것이 불과 2000년대 초반에 일어난 일이라니. 퐁테 카네 바로 옆에서는 무통 로칠드가 트랙터로 화학 약제를 뿌리고 있었는데, 퐁테 카네는 비오디나미 경작을 하고 말을 이용해 밭을 갈았으니 당시 보르들레(Bordelais, 보르도 사람을 일컫는 말)에게는 그의 존재가 눈엣가시였을 터였다.

전설적인 쥘 쇼베의 와인을 와인 전문가로서 어떻게 평가하느냐는 대한 질문에 그는 "쥘 쇼베의 와인은 주스같이 편안하게 마실 수 있는 스타일이었어요."라고 말문을 열었다. 비록 동시대를 살 순 없었지만, 나는 1950년대에 상 수프르 와인을 만들기 시작한 쥘 쇼베의 와인이 정말 궁금했다. "1985, 1986, 1987년. 연속해서 3개의 빈티지를 구입해서 내 비스트로에서 판매했죠. 그 이후 쥘은 더 이상 와인을 만들지 못했어요. 병이 깊어졌고 1989년에 돌아가셨으니까요. 그는 심플하고 쉽게 마실 수 있는 프리머 와인 즉 보졸레 누보를 만들었어요. 프리머 와인은 보통 10월 말경에 완성되는데, 이를 오크통째 밖에 내놓고 11월의 찬 공기가 와인을 안정시키기를 기다렸다가 출시하셨죠. 거래 첫해였던 1985년 11월 셋째 주 목요일이 되었는데(보졸레 누보의 공식 출시일) 쥘 쇼베의 와인이 아직 배송되지 않았죠. 전화를 걸었어요. 그분이 그러시더군요. '여보게 젊은이, 와인의 출시일은 내가 결정하는 것이 아닐세. 자연이 결정하는 거지. 올해 11월은 유난히 따뜻해서 아직 와인이 안정되지 않았다네. 조금만 더 기다려 주게나.'" 생각해보면 당연한 이야기였다. 천연 효모로만 발효를 할 경우, 그해의 효모 총량과 특성에 따라 발효가 빨라질 수도 있고 느려질 수도 있으니 말이다. 보졸레 누보를 매년 11월 셋째 주 목요일에 동시 출시한다는 공식은 사실 컨벤셔널 와인에서만 가능한 매우 인

"이제는 내추럴 와인 자체가
하나의 목표가 된 거죠.
철학이든 뭐든 상관없이 말이에요."

위적인 것이다.

“그래서 이미 값을 지불한 보졸레 누보 1985년산을 예정 출시일보다 한 달쯤 지나서야 겨우 받았답니다. 알코올 도수 10.5도인, 주스처럼 맛있는 와인이었죠.” 프랑수아는 쥘 쇼베에 대한 추억에 잠기는 듯하더니 그와 관련된 재미있는 이야기를 이어갔다. “그는 와인 생산자이기도 했지만, 보졸레의 아주 유명한 네고시앙이기도 했어요. 그러다 네고시앙을 그만두었죠. 그 이유는 그가 네고시앙 활동을 하던 1960년대까지만 해도 배양 효모도 없었고, 포도나무 묘목도 자가복제(클론) 묘목이 아닌 가지치기를 한 묘목이었어요. 쥘 쇼베는 어떤 와인을 마시면, 그 와인이 생산된 토양과 빈티지 심지어 구체적 지역까지 다 맞췄다고 해요. 그러다 나중에 클론이 등장하고 배양 효모 사용이 일반화되자 그는 더 이상 테루아나 지역, 빈티지를 맞출 수 없었고, 그가 사들인 와인 역시 플뢰리, 물랭아방 등 테루아에서 나오는 개성을 잃었기 때문에 결국 쥘 쇼베는 네고시앙 업무를 중단하고 말았죠. 대단한 사람입니다. 나는 운 좋게도 그의 60년대 네고시앙 와인을 마실 수 있었는데, 정말 좋더군요. 각 테루아의 특성이 명확히 살아 있었어요. 그 시음기를 〈르 루즈 에 르 블랑〉에 실었죠.” 그 시음기가 실린 잡지를 지금도 구할 수 있는지 물었지만, 그는 어딘가에 있을 수도 있다는 아쉬운 답변을 전했다. 지금처럼 컴퓨터로 인쇄물을 다루는 시대가 아니었으니… 자료가 남아 있지 않을 가능성이 크다.

“쥘 쇼베와 동시대에 네고시앙을 했던 조르주 뒤베프(Georges Duboeuf)도 처음엔 쇼베와 비슷했어요. 하지만 배양 효모가 등장하자 그는 곧바로 이를 생산자들에게 권하기 시작했죠. 동일한 맛을 지닌 와인을 대량 생산한 거죠. 당시 개발되었던 ‘스와상테 옹즈 메 (71 mai)’라는 배양 효모는 조르주 뒤베프 덕분에 보졸레에서 엄청난 성공을 거뒀어요. 너나 할 것 없

“아주 잘 만들어진 내추럴 와인이 정말 잘 익었을 때,
그것을 마시는 기쁨은
무엇과도 비교할 수가 없어요.”

장 푸와야흐의 ‘모르공 코트 드 퓌’ 2016

이 모두가 이 효모를 사용했으니까요. 그래야 조르주 뒤베프에게 와인을 팔 수 있었고요. 결국 같은 효모를 쓰면 어떤 토양에서 나온 포도든 결과물이 비슷해지니까 뒤베프는 대량 생산에 성공한 셈이고, 그가 매입한 와인들은 대형 슈퍼마켓을 통해 대량 판매되었어요." 같은 일을 겪고도 한 사람은 활동을 중단하고, 또 다른 사람은 이를 이용해 경제적으로 큰 이익을 누린 것이다.

내추럴 와인의 흐름을 곁에서 지켜본 와인 전문가로서, 그가 보는 내추럴 와인의 앞날은 어떤지 물었다. 그는 내추럴 와인 생산자들과 컨벤셔널 와인 생산자들 모두 사실 포도밭을 보는 눈은 한 가지라고 했다. "결과물을 보는 눈은 같아요. 다만 그 결과물에 대한 반응이 다른 거죠. 생각해보세요. 화학 약품을 잔뜩 뿌린 포도밭에서 수확한 포도가 배양 효모 없이 발효가 잘되겠어요? 배양 효모를 넣지 않으면 발효가 느려지고 진척이 안 되는 상황을 이상하다고 느끼는 사람이 비정상인 거죠. 내가 쓴 책에 보면 도멘 아르망 후소(Domaine Armand Rousseau)의 이야기가 짤막하게 나오는데, 그들도 처음에는 포도밭 경작에 이용되는 모든 화학 약품에 열린 마음이었다고 해요. 다른 모든 부르고뉴 도멘들처럼 말이죠. 그런데 이를 몇 년 사용한 후 포도나무의 반응과 특히 포도의 상태, 발효 과정을 지켜본 결과 즉각적인 사용 중단을 결정했어요. 이후 그들의 포도밭은 철저히 유기농으로만 관리됩니다. 양조 과정에서 이산화황을 사용하거나 새 오크통을 사용하는 건 그들의 양조 스타일일 뿐 적어도 포도는 깨끗하다는 거예요. 결국은 모두가 이런 방향으로 바뀌지 않겠어요?"

그의 결론은 확고하고도 설득력이 있었다. 모든 와인 생산자가 그의 생각처럼 바뀌는 것은 불가능할지라도 적어도 대부분의 컨벤셔널 와인 생산자의 생각은 바뀔 수 있지 않을까. 지금도 계속해서 유기농, 비오디나미 혹은 내추럴로 전향하는 와인 생산자의 수가 하루가 다르게 증가하고 있으니 말이다. 적어도 세상이 긍정적으로 변하고 있다는 증거이다.

Les Friponnes

LE BARATIN

Epilogue

에필로그에서는 한스미디어 편집부가 저자에게
책의 내용과 현재의 내추럴 와인 시장에 대해 인터뷰를 청했습니다.

이 책에서는 모두의 반대와 비난을 무릅쓰고 용감하게 자신이 옳다고 믿는 길을 갔던 내추럴 와인 생산자 1세대들의 인터뷰를 다루었습니다. 작가님이 보기에 이 15명의 인물들을 관통하는 공통적인 인상이나 특징이 있었다면 무엇이었나요?

우선 주관이 뚜렷하고, 남들과 다른 생각을 하고 다른 행동을 하는 것에 대한 두려움이 전혀 없었다는 점입니다. 모든 사람들이 정답이라고 생각하는 것들에 대해서도 그들은 스스로 납득이 되기 전까지는 정답이 아닌 것으로 간주하고 의문을 품었어요. 그러한 행동들로 인해 경제적으로 어려움을 겪게 되더라도 절대 포기하지 않았고요. 그리고 무엇보다 1세대 인물 모두가 대단히 섬세하고 예민한 미각을 갖추고 있었어요! 생산자들과 같이 식사를 종종 하게 되는데요, 그들 대부분 훌륭한 요리사기이도 합니다.

프랑스에서 본격적으로 내추럴 와인 시장이 커지고, 지금처럼 대중들의 수요가 높아진 것은 언제부터인가요? 그리고 그 과정은 어떠했나요?

저도 인터뷰를 하면서 제대로 알게 된 사실이지만, 프랑스의 내추럴 와인 시장이 본격적으로 커지기 시작한 시점은 내추럴 와인이 보졸레를 중심으로 생겨나기 시작했던 시점으로부터 20여 년이 지난 2010년 무렵부터였다고 해요. 꽤 오래 걸린 셈이죠. 제가 개인적으로 내추럴 와인에 제대로 눈을 뜬 2014년 무렵부터는 가히 폭발적으로 성장하기 시작했고요. 당시 파리에 새로 생기는 괜찮은 레스토랑들은 거의 모두가 내추럴 와인을 와인 리스트에 갖추고 있을 정도였으니까요.

1세대 생산자들의 등장 이후로 그분들의 직간접적 제자라고도 할 수 있는 수많은 내추럴 와인 생산자들이 생겨났습니다. 1세대와 다른 2세대 이후 생산자들만이 갖는 특징은 무엇인가요?

내추럴 와인 업계의 2세대 생산자들은 1세대들이 겪었던 차별이나 비판적인 시선을 훨씬 덜 겪었죠. 그리고 이미 어느 정도 1세대 생산자들이 고생해서 닦아놓은 시장과 판로도 있었고요. 2세대 와인 생산자들은 1세대들에 비해 좀 더 다양한 실험을 하고, 기존의 제도(AOC 규정)에 대해 한층 자유롭다는 특징이 있는 것 같습니다.

그들 중 주목할 만한 생산자나 독특한 개성이 있는 생산자가 있다면 소개 부탁드립니다.

프랑스를 예로 든다면, 루아르의 알렉상드르 방(Alexandre Bain), 부르고뉴의 얀 뒤리유(Yann Durieux, 도멘 흐크루 데 상스Domaine Recrue des Sens), 쥐라의 켄지로 카가미(Kenjiro Kagami, 도멘 데 미후아Domaine des Miroirs)와 흐노 브뤼에흐(Renaud Bruyère) 등 꽤 많습니다. 유럽 전체를 상대로 생각한다면 훨씬 더 많고요.

한국에서의 내추럴 와인 시장의 시작은 어땠나요? 일본이나 다른 나라에 비해, 한국의 경우 단기간에 매우 폭발적이고 급진적으로 시장 형성이 되었는데요, 그 시작과 과정을 지켜보신 의견이 궁금합니다.

바로 이웃 나라인 일본과 비교를 해본다면, 우리나라의 성장 속도는 가히 폭발적이라고 할 수 있습니다. 일본의 경우는 프랑스 내추럴 와인 시장의 탄생부터 함께했는데, 그때부터 지금까지 꾸준히 그리고 계속해서 조금씩 발전한 경우입니다. 이에 반해 우리나라는 2014

년부터 제가 내추럴 와인 소개를 시작했을 때를 초기라고 본다면 불과 6년 후인 2020년 현재 그 성장 속도가 정말 대단하죠. 내추럴 와인 페어 '살롱 오' 1회(2017년 2월) 때의 미디어의 호응도와 국내 유명 셰프들의 참가율을 보고, 머지않아 폭발적인 성장을 하겠구나 짐작은 했었습니다만, 정말 그렇게 되더군요.

언론에 의하면 현재 한국에서 내추럴 와인을 소비하는 주요 세대는 기존의 와인을 경험하지 않은 젊은 세대들이라고 하는데, 프랑스나 다른 전통적인 와인 생산지에서도 마찬가지인가요?

네, 이 부분은 어느 나라든 마찬가지인 듯합니다. 기존의 교육을 받아 정형화된 입맛을 갖춘 사람들보다는, 아무래도 경험이 없는 순수한 소비자들의 이해도가 훨씬 빨라요. 종주국인 프랑스도 마찬가지였고, 현재 영미권을 비롯한 내추럴 와인 시장이 커지고 있는 곳들도 모두 같은 현상입니다.

작가님께서는 2014년부터 '살롱 오(Salon O)'라는 내추럴 와인 시음회 행사를 주최하며 적극적으로 국내에 내추럴 와인을 소개하고 계신데요, 첫해부터 지난 2019년의 3회째까지 어떤 변화의 양상이 있었는지 궁금합니다.

1회인 2017년 2월에는 내추럴 와인 생산자 6명이 함께했었는데, 2019년 3회에는 와인 생산자 25명이 방한을 했습니다. 평소 만나기 힘든 와인 생산자들이 살롱 오에 함께하다 보니, 살롱 오를 찾는 내추럴 와인 애호가분들의 숫자도 지난 3년간 계속해서 수직 상승했고요. 제로였던 시장이 무섭게 커지다 보니 수입사들의 내추럴 와인 수입량도 훨씬 많아진 것이 사실입니다. 다만 소비 시장 규모의 성장 속도보다 수입사의 내추럴 와인 공급량이 좀 더 빠른 것이 아닌가 하는 우려가 있는데, 이는 시간이 지나면서 시장이 성숙되면 자연히 해결될 문제라고 봅니다. 기존의 컨벤셔널 와인 시장도 무수한 업 앤 다운을 겪은 것처럼 내추럴 와인 시장도 당연히 조정기가 있을 것이고, 이를 통해 더 성장하리라고 생각합니다.

선택은 늘 소비자의 몫이니까요.

❖ 내추럴 와인 행사

현재 프랑스를 비롯해 이탈리아, 스페인 등 유럽 각지에서 다양한 내추럴 와인 행사들이 열리고 있다. 최근에는 인스타그램, 페이스북 등 SNS를 적극 활용하는 내추럴 와인 생산자와 도멘들이 많아져서 SNS를 통해서도 다양한 내추럴 와인 정보를 접할 수 있다. 특히《내추럴 와인》의 저자이자 마스터 오브 와인 이자벨 르쥬롱이 주관하는 행사인 '로 와인Raw Wine'(rawwine.com)은 영국, 미국, 독일 등 세계 주요 도시에서 매년 개최된다. 이 책에서 다룬 와인 생산자들이 모두 프랑스인인 만큼 프랑스의 주요 내추럴 와인 행사를 몇 가지 소개한다.

프랑스의 대표적 내추럴 와인 행사

La Dive Bouteille (dive-bouteille.fr)
La Remise (laremise.fr)
Vinicircus (vinicircus.com)
Indigène (instagram.com/salonindigenes)
Les Pénitentes (facebook.com/LesPenitentesAtLeGouverneur)
Salon Saint Jean (facebook.com/DegustationGrenierStJean)
Les Anonymes (facebook.com/Les-vins-anonymes-660633537332051)

❖ 참고 도서

《내추럴 와인》 이자벨 르쥬롱 MW 지음, 한스미디어, 2018
《Biodynamic, Organic and Natural Winemaking: Sustainable Viticulture and Viniculture》 Britt and Per Karlsson, Floris Books, 2014
《Carrément vin: 100 vigneron(ne)s au naturel》 Sandrine Goeyvaerts, HACHETTE PRAT, 2017
《L'esthétique du vin》 Jules Chauvet, JEAN-PAUL ROCHER, 2008 / Éditions de l'Épure, Édition 1, 2020
《Le Grand Précis des vins au naturel》 Lagorce Stéphane and Campo Elodie, HOMO HABILIS, 2019
《Le vin au naturel : La viticulture au plus près du terroir》 François Morel, LIBRE, 2019
《Natural Wine for the People: What It Is, Where to Find It, How to Love It》 Alice Feiring, Ten Speed Press, 2019

《Plus pur que de l'eau》 Jean-Pierre Amoreau, Fayard, 2019
《Pur jus: Cultivons l'avenir dans les vignes》 Justine Saint and Fleur Godart, Marabout, 2016
《Soif d'aujourd'hui》 Sylvie AUGEREAU and Antoine GERBELLE, TANA, 2017
《Traite de jajalogie manuel de vin naturel》 Bénédicte Govaert and Pierrick Jégu, THERMOSTAT 6, 2018

❖국내 와인 수입사 정보

2장 피에르 오베르누아(메종 피에르 오베르누아) : 국내 미수입
4장 마르셀 라피에르(도멘 마르셀 라피에르) : 비노쿠스 02-454-0750
5장 다르 & 히보(도멘 다르 & 히보) : 뱅베(유) 02-512-5125
6장 장-피에르 호비노(랑쥬 뱅): 뱅베(유) 02-512-5125
7장 도미니트 드랭(도멘 드랭) : 비티스 02-752-4105~7
8장 앙셀므 셀로스(샴페인 자크 셀로스) : 크리스탈 와인 그룹 02-6912-4859
9장 올리비에 쿠장(도멘 올리비에 쿠장) : 뱅베(유) 02-512-5125
10장 샤토 르 퓌 : 타이거 인터내셔널(주) 02-2276-6485~6
11장 브뤼노 슐레흐(도멘 제라르 슐레흐) : 뱅베(유) 02-512-5125 & 와이너 010-2570-2553
12장 이봉 메트라(도멘 이봉 메트라) : 비티스 02-752-4105~7
13장 필립 장봉(도멘 필립 장봉) : 다경상사 010-9854-7054
14장 장-피에르 프릭(도멘 피에르 프릭) : 유진재인 셀렉션 contact@eugenejane.com

❖사진 출처

김홍성 p. 29, 211, 213, 215, 216, 217, 221, 222, 225
황윤하 p. 155, 157, 159, 160, 165, 168

내추럴 와인메이커스

1판 1쇄 인쇄 2020년 2월 17일
1판 1쇄 발행 2020년 2월 26일

지은이 최영선
사진 김진호
펴낸이 김기옥

실용본부장 박재성
편집 실용2팀 이나리, 손혜인
영업 김선주
커뮤니케이션 플래너 서지운
지원 고광현, 김형식, 임민진

디자인 형태와내용사이
인쇄 · 제본 민언프린텍
제본 우성제본

펴낸곳 한스미디어(한즈미디어(주))
주소 121-839 서울시 마포구 서교동 양화로 11길 13(서교동, 강원빌딩 5층)
전화 02-707-0337 팩스 02-707-0198 홈페이지 www.hansmedia.com
출판신고번호 제2017-000003호 신고일자 2017년 1월 2일

ISBN 979-11-6007-471-0 03590

책값은 뒤표지에 있습니다.
잘못 만들어진 책은 구입하신 서점에서 교환해드립니다.